少女心噴發！

俏媽咪潔思米的玩美烘焙

潔思米 著

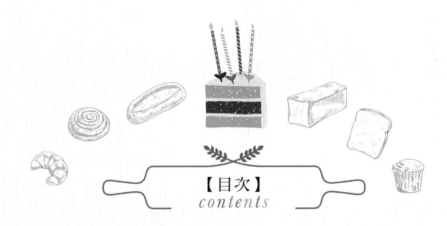

【目次】
contents

因為有點甜，生活也甜甜

在生完第三個寶貝兒子，媽咪我宣布失業之後，
告別了十多年的英語教學生活，
開始了在部落格、影音平台與臉書粉專上分享料理、烘焙食譜的主婦人生。

很感謝上天讓我擁有懂得分享的能力，
在我小小的廚房裡，我還能夠得到成就與滿足，
引起的漣漪更是一個渺小的我始料未及的。

有很多朋友因為學到了食譜而開心地與我分享，
家人有多愛吃、有多喜歡、有多麼開心啊～
頓時間，我也感受到雙倍的快樂幸福！

於是，這樣的路不知不覺地決定繼續堅持下去～

這本收藏了這幾年來在網路分享過最多人點閱的超人氣烘焙食譜，
以及加入了新的烘焙、麵包等食譜元素，
還有基礎圖文步驟清楚解說，全都不藏私分享，
期待可以讓許多剛入門烘焙、做麵包甜點的朋友們更好入手，
也讓想要一次收藏超夯食譜的朋友們可以更快速的搜尋到想要的食譜。

所以有了這本烘焙甜點書的誕生……

也和我的初心一樣，
希望，我們的人生裡因為多了點甜，生活也更甜～～～

PARt
1

愛不釋手的香甜蛋糕

1 清香濕潤**蜂蜜杯子蛋糕**
CAKE

淡淡蜂蜜香,濕潤軟綿好入口,一人一個剛剛好!
只要雞蛋、砂糖、蜂蜜、植物油還有低筋麵粉就可以完成囉~
烙印上可愛的花樣,又更吸睛了呢~

LET'S EAT
CAKE

模具

約 5 公分小紙模

材料（可做 20 份）

蛋白　4 顆	全蛋　1 顆	低筋麵粉　60g
砂糖　40g	植物油　60ml	
蛋黃　4 顆	蜂蜜　40ml	

作法

1. 烤箱預熱 100 度 C（上下火）。
2. 將蛋黃、全蛋、植物油及蜂蜜拌勻（圖 1、圖 2）。
3. 加入過篩低筋麵粉拌勻（圖 3、圖 4）。
4. 打發蛋白至粗泡後，加入砂糖的 1/3。繼續打至細緻後，再加入 1/3，再續打後加入剩下 1/3，打至尾端微彎曲、光澤細緻的乾性發泡（圖 5）。

5. 取1/3蛋白霜與步驟2的蛋黃糊拌勻（此動作為將密度先混合均勻）（圖6），再倒入剩下的蛋白霜輕柔拌勻即可（圖7）

6. 倒入模具中約至8-9分滿，輕輕震出氣泡（圖8）。

7. 置於烤箱中下層，以上下火100度C烘烤20分鐘，再調整成上下火120度C烘烤30分鐘（圖9）。

8. 接著轉上下火150度C烘烤8分鐘後，最後燜5分鐘再出爐。

掃描右方 QR Code，即可觀看示範影片喔！

 lips 貼心小提醒

～ 隱藏版秘方，蛋黃糊也可以另外再加牛奶40ml，口感更綿密濕潤喔。

～ 記得軟紙模下面一定要找另外的模具固定，以免烤出來攤平開花，或者建議用硬一點的紙模喔。

～ 此食譜使用馬芬模具以及蛋塔模具墊在紙模下面支撐。

2 英式風味 伯爵戚風蛋糕
CAKE

溫順醇厚的伯爵茶香製成的戚風蛋糕，
是味覺上的英式美味旅行！

模具

6 吋中空模（高度 16cm）

材料

蛋黃　4 顆

植物油　40ml

低筋麵粉　70g

伯爵茶粉或伯爵茶
2 包（約 2g-3g）

蛋白　4 顆

砂糖　60g

作法

1. 烤箱預熱 170 度 C（上下火）。

2. 將一包伯爵茶包泡在 70-80ml 熱水中，約 20 分聞到茶香為止（圖 1）。

3. 剪開另一包伯爵茶葉，用調理機磨成細粉狀（有的茶包內的粉已經很細緻，就可以省略此動作）（圖 2）。

4. 蛋黃與植物油以及伯爵茶液體、伯爵茶粉拌勻（圖 3）。

5. 加入過篩低筋麵粉攪拌均勻（圖 4）。

6. 蛋白打至粗泡後，加入砂糖的 1/3。繼續打至細緻後，再加入 1/3，再以高速續打後加入剩下 1/3，打至光澤細緻的乾性發泡（圖 5）。

7. 取 1/3 蛋白霜與步驟 4 的蛋黃糊拌勻（此動作為將密度先混合均勻），再倒入剩下的蛋白霜輕柔拌勻即可（圖 6、圖 7）。

8. 倒入模具中，輕輕震出氣泡。可使用筷子同一方向拌一下，整理氣泡與麵糊（圖 8）。

9. 放進烤箱下層，以上下火 170 度 C 烤 30-35 分鐘，烤至表面膨脹變色。

10. 出爐後輕敲幾下，馬上倒扣以免回縮。

11. 放涼後再行脫模，沿著模具邊緣慢慢旋轉，並輕壓蛋糕體幫助徒手脫模（圖 9），或是使用刮刀直接脫模。

tips 貼 心 小 提 醒

出爐前可用叉子測試蛋糕體是否有沾黏，若仍有蛋糕糊黏在叉子上，表示蛋糕仍未烤熟，需繼續烘烤。

3 夏季風情橙香戚風蛋糕
CAKE

清爽的夏日橙香戚風蛋糕，
組織綿密，口感輕盈！
再撒上些橙皮，視覺滿分！

 模具

6 吋中空模（高度 16cm）

材料

蛋黃　3 顆	柳橙汁　35ml	蛋白　3 顆
植物油　30ml	低筋麵粉　55g	砂糖　40g

裝飾

動物性鮮奶油 100ml　　　砂糖 10g　　　新鮮柳橙皮適量

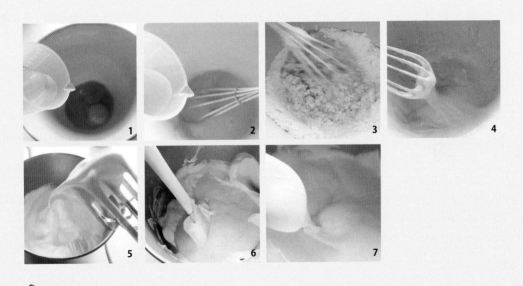

作法

1. 烤箱預熱 180 度 C（上下火）。
2. 蛋黃與植物油拌勻後，加入柳橙汁繼續拌勻（圖1、圖2）。
3. 篩入低筋麵粉，攪拌均勻（圖3、圖4）
4. 蛋白打至粗泡後，加入 40g 砂糖的 1/3。繼續打至細緻後，再加入 1/3，再續打後加入剩下 1/3，打至尾端挺立、光澤細緻的乾性發泡（圖5）。
5. 取 1/3 蛋白霜與步驟 2 的蛋黃糊拌勻（此動作為將密度先混合均勻）（圖6），再倒入剩下的蛋白霜輕柔拌勻即可（圖7）。

6. 倒入模具中，輕輕震出氣泡（圖8）。

7. 放進烤箱下層，以上下火180度C烤25分鐘，烤至表面膨脹變色。可用叉子測試蛋糕體是否有沾黏（圖9、圖10）。

8. 出爐後輕敲幾下，馬上倒扣以免回縮嚴重（圖11）。

9. 放涼後再行脫模，沿著模具邊緣慢慢旋轉，輕壓蛋糕體幫助脫模（圖12、圖13）。

10. 將裝飾用的鮮奶油100ml與砂糖10g打發至流動程度後，抹在蛋糕體上，並撒上新鮮柳橙皮裝飾，即可更加美味亮眼。

tips 貼心小提醒

～ 戚風蛋糕放涼後，沿著模具邊緣以輕壓方式幫助蛋糕體脫模，或著直接使用刮刀畫整一圈後脫模。

～ 鮮奶油可打發至喜愛的程度做裝飾。

4 法式輕盈香草舒芙蕾
CAKE

有人稱舒芙蕾是稍縱即逝的美味，入口即化輕盈的蛋糕體口感，

撒上細白如雪的糖粉，內餡柔軟，最經典的法式風情～

模具

3-4 個圓形小皿模具（寬 8-9cm 高 4-5cm）

材料（約 3~4 個）

蛋黃　3 顆
牛奶　100ml
無鹽奶油　30g

砂糖　30g
低筋麵粉　20g
蛋白　3 顆

軟化室溫奶油、砂糖　適量
（烤皿用）
香草精　5ml
糖粉　適量（裝飾用）

作法

1. 烤箱預熱 190 度 C（上下火）。
2. 在模具內層塗上奶油，由下往上將奶油刷勻（圖 1）。
3. 撒上砂糖，轉動搖晃使砂糖分布均勻（圖 2、圖 3）。
4. 模具放入冰箱冷藏 10-20 分鐘。
5. 牛奶先微波加熱至微溫。
6. 奶油以小火加熱融化後，加入過篩低筋麵粉拌勻（圖 4）。
7. 加入牛奶拌勻（圖 5），小火攪拌 2-3 分鐘煮至微稠（圖 6）。
8. 加入香草精（圖 7）以及蛋黃（圖 8）拌勻即為卡士達醬（圖 9）。放涼後使用，
   才不會讓蛋白消泡。

9. 分 3 次將砂糖加入蛋白，打至濕性發泡（圖 10）。

10. 取 1/3 蛋白霜與卡士達醬拌勻後（圖 11），再加入剩下的蛋白霜（圖 12），用刮刀輕盈混合拌勻（圖 13）。

11. 倒入模具中，用刀片刮整至表面平整（圖 14、圖 15）。

12. 再用拇指在模具邊緣畫圈除去多餘的麵糊（圖 16）。

13. 放進烤箱中下層，以 190 度 C 烤 14-16 分鐘，至表面變色，蛋糕膨脹升高（圖 17）。

14. 出爐後撒上糖粉，趁熱享用。

 貼 心 小 提 醒

∽ 模具內塗奶油與撒上砂糖的動作，可幫助蛋糕體膨脹長高，讓外皮較脆。

∽ 先準備好模具後冷藏，等待的同時可操作麵糊。

∽ 製作卡士達的步驟亦可如下：
奶油、麵粉加入牛奶後，同時再加入香草精以及蛋黃拌勻，再以小火回煮至微稠。
但切記要不停攪拌，以免燒焦結塊喔。

5 CAKE 香濃愛戀巧克力舒芙蕾

甜蜜濃郁的巧克力舒芙蕾配方，
口感鬆軟綿密，
喜歡巧克力的你不能錯過，
記得一定要趁熱享用～

模具

3-4 個圓形小皿模具（寬 8-9cm 高 4-5cm）

材料（約 3~4 個）

牛奶　100ml
70% 黑巧克力　60g
無鹽奶油　30g

蛋黃　3 顆
低筋麵粉　20g
蛋白　3 顆

砂糖　30g
軟化室溫奶油、砂糖、糖粉
　適量（烤皿與裝飾用）

作法

1. 烤箱預熱 190 度 C（上下火）。
2. 在模具內層塗上奶油，由下往上將奶油刷勻（圖 1）。
3. 烤皿撒上砂糖，轉動搖晃使之分布均勻，冷藏備用（圖 2）。
4. 奶油以小火加熱融化，放入過篩低筋麵粉並拌勻（圖 3）。
5. 加入牛奶，以小火不停攪拌，煮至濃稠後熄火（圖 4）。
6. 加入巧克力拌勻融化（圖 5、圖 6）。

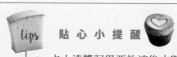

7. 加入蛋黃拌勻，即為巧克力卡士達醬（圖7、圖8）。

8. 將砂糖分3次加入蛋白，打至濕性發泡（圖9）。

9. 取1/3蛋白霜與巧克力卡士達醬拌勻後，再加入剩下的蛋白霜，用刮刀輕盈混合拌勻（圖10、圖11）。

10. 倒入模具中，用刀片刮整至表面平整。再用拇指在模具邊緣畫圈除去多餘的麵糊（圖12）。

11. 放進烤箱中下層，以190度C烤15-20分鐘，至表面變色，蛋糕膨脹升高（圖13）。

12. 撒上可可粉或糖粉即可享用，也可淋上自製巧克力醬。

13. 巧克力醬：巧克力磚加熱融化後加入鮮奶油或牛奶、糖粉（果糖）即可，也可加入些許奶油，調配成個人喜愛的濃度及甜度。

---

tips 貼心小提醒

卡士達醬記得要放涼後才與蛋白霜混勻，以免消泡。

6 CAKE 入口即化古早味蛋糕（棉花蛋糕）

水浴法做出來的古早味棉花蛋糕的口感細緻又綿密，
組織濕潤不會過乾，口感令人無法忘懷～

模具

20cm×20cm×5cm 正方形模具、大烤盤

材料

無鹽奶油　60g	玉米粉　15g	全蛋　6 顆
低筋麵粉　65g	牛奶　100ml	砂糖　80g

作法

1. 烤箱先預熱 170 度 C（上下火）。
1. 將烘焙紙裁剪成模具大小（圖1），鋪在烤模中（圖2），外層以鋁箔紙包覆（圖3）。
2. 牛奶與無鹽奶油隔水加熱融化拌勻（圖4）。
3. 加入過篩低筋麵粉與玉米粉拌勻（圖5）。
4. 將 5 顆雞蛋分成蛋白與蛋黃，再將 1 顆全蛋加入 5 顆蛋黃中（圖6）。

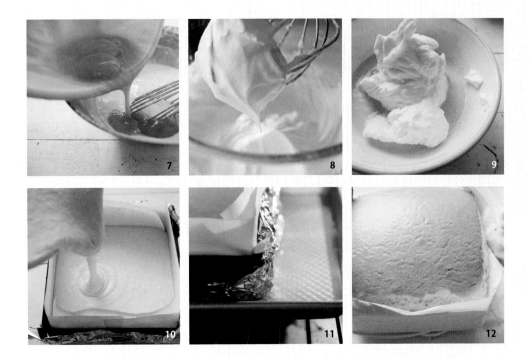

5. 分次將蛋黃加入牛奶糊中拌勻（圖7）。

6. 砂糖分 3 次加入蛋白中，打發成硬性發泡（圖8）。

7. 先將 1/3 打發蛋白加入蛋黃液中攪拌均勻（圖9），再倒回剩餘蛋白霜中攪拌均勻即可。

8. 倒入模具中，以刮刀將表面刮勻，震出氣泡（圖10）。

9. 將冷水倒入較大的盤子中約 1.5 公分高（圖11）。

10. 放入烤箱中下層，以水浴法 170 度 C 烘烤 10 分鐘，再調整至 150 度 C 烘烤 80 分鐘。

11. 出爐後震出空氣，取出烘焙紙，脫模放涼（圖12）。

掃描右方 QR Code，即可觀看示範影片喔！

lips　貼心小提醒

烤溫正確的狀態下，蛋糕不會回縮與龜裂。各家烤箱多少都有溫差，若此配方中烤溫無法成功，需自行調整適合自家烘焙的適當溫度。

7 <small>CAKE</small> 社團爆紅焦糖布丁蛋糕

三個層次的蛋糕：焦糖凝凍、軟嫩布丁、細緻海綿蛋糕，
給你三層不同的口感！！！冰鎮後更好吃唷！

模具

6吋固定蛋糕模、深烤盤

材料

/ 焦糖凝凍 /	/ 布丁層 /	/ 海綿蛋糕 /
黑糖　20g	砂糖　50g	牛奶　30ml
砂糖　30g	水　50ml	無鹽奶油　30g
冷水　20ml	鮮奶油　90ml	低筋麵粉　30g
熱水　80ml	牛奶　180ml	全蛋　2顆
吉利丁片　3片	全蛋　4顆	砂糖　30g
	香草精　6ml	

作法

[凝凍作法]

1. 吉利丁片泡水 5 分鐘後，擰乾備用（圖1、圖2）。
2. 黑糖與砂糖倒入鍋中，加入冷水，以中小火加熱煮滾（圖3）。
3. 加入熱水繼續拌勻，加入吉利丁片攪拌至溶解（圖4）。
4. 過濾倒入模具中（圖5），冷藏 30 分鐘備用。

[布丁作法]

1. 全蛋拌勻（圖6）。
2. 將砂糖與水、鮮奶油、牛奶小火熬煮融化（圖7）。
3. 牛奶液體微溫熱狀態約 40-50 度 C，與蛋液、香草精混合成布丁液（圖8）。
4. 將布丁液過篩數次，成品會越細緻且無氣泡（圖9）。
5. 需降至常溫，建議可直接冷藏備用。

掃描右方 QR Code，即可觀看示範影片喔！

[蛋糕作法與組合]

tips **貼 心 小 提 醒**

要將焦糖凝凍與布丁液體組合時，才從冰箱取出，以免凝凍與常溫的布丁液體接觸後又再度融化成液態。但因台灣室溫天氣偏高，常溫布丁液體仍然溫度過高，因此此配方也建議將布丁液體冷藏備用。

1. 烤箱預熱 170 度 C（上下火）。
2. 全蛋分成蛋白與蛋黃（圖 10）。
3. 無鹽奶油微波至融化（圖 11）。
4. 蛋黃、奶油、牛奶拌勻（圖 12）。
5. 加入過篩麵粉拌勻（圖 13）。
6. 砂糖分 3 次加入蛋白，打至濕性發泡（圖 14）。
7. 將蛋白霜撈出 1/3，先與蛋黃糊上下輕拌均勻（圖 15），再倒回與剩下的 2/3 蛋白霜拌勻即可（圖 16、圖 17）。
8. 取出冷藏的焦糖凝凍，輕輕將布丁液倒入焦糖凝凍上方（圖 18）。
9. 蛋糕糊倒入布丁液上方，用牙籤畫出氣泡（圖 19）。
10. 在深烤盤中注入冷水約 1.5 公分滿再放入蛋糕模具（圖 20）。
11. 放進烤箱中下層，以水浴法上下火 170 度 C 烘烤 15 分鐘，轉 150 度 C 繼續烘烤 45 分鐘（圖 21）。
12. 在烤箱中燜 60 分鐘後，取出放涼。
13. 冷藏 4 小時，刮刀沿著模具刮一圈再倒扣脫模（圖 22）。
14. 倒扣時可蓋上一層熱毛巾，幫助脫模（圖 23）。

懷舊的好味道**牛粒**（小西點）

自然呈現的微微裂痕，
撒上些雪花般的糖粉，不甜不膩，
一點也不輸法式馬卡龍的美，我的本名是牛粒小西點～

模具

烤盤、約 1cm 平口花嘴

少女心噴發！俏媽咪潔思米的玩美烘焙

材料（約 35 顆）

		/ 內餡奶油霜 /
全蛋　2 顆	低筋麵粉　180g	無鹽奶油 70g
蛋黃　4 顆	糖粉　140g	糖粉 7g

作法

1. 烤箱預熱 200 度 C（上下火），烤盤鋪烤盤紙備用。
2. 全蛋、蛋黃、糖粉放入碗中，隔水加熱至微溫後離火（40 度 C，約洗澡水的溫度）（圖 1）。
3. 將蛋液打發，打至可以寫字不會立刻融合的狀態（圖 2）。
4. 再將低筋麵粉過篩放入蛋糊中，以刮刀輕輕切拌均勻（圖 3、圖 4）。
5. 麵糊裝入擠花袋中，用平口擠花嘴擠成大小一致的圓形狀（圖 5）。

6. 手腕懸空，從中間擠，麵糊自然便會呈圓形往外擴散，收尾時候畫小圓收起，若是有突出尖尖處，用手指沾點水壓一下會好很多。

7. 用篩子將適量糖粉篩在表面，重複這個動作二次，會讓麵糊表面烘烤時撐起較漂亮（圖6）。

8. 放入預熱好的烤箱中，中層烤約6-8分鐘，表面微微變色，即可取出放涼（圖7）。

9. 奶油霜製作：奶油放室溫軟化，加入糖粉（圖8），攪拌均勻即成奶油霜（圖9）（奶油一定要軟化才好攪拌喔）。

10. 取兩片大小差不多的小餅，中間塗奶油霜夾起來即可（圖10）。

掃描右方 QR Code，即可觀看示範影片喔！

 貼心小提醒

tips

全蛋打發時，蛋黃中有油脂，會阻礙蛋白發泡，因此以隔水加熱方式將蛋液溫度升高，減少雞蛋表面張力，讓氣泡更容易形成，變得更好打發。

9 酸甜好滋味**檸檬小蛋糕**
CAKE

內餡是檸檬風味的海綿蛋糕，表面是檸檬巧克力，
再用檸檬模去烘烤成幾近檸檬的外型，酸酸甜甜的滋味，
淡淡的檸檬糖香，好有層次也耐人尋味，是兒時的古早酸甜好味道！

LET'S EAT
CAKE

模具

檸檬蛋糕模具

材料（約可做 10 顆）

低筋麵粉　100g	砂糖　80g	檸檬汁　15ml
無鹽奶油　40g	蜂蜜　20g	檸檬　半顆
全蛋　3 顆	香草精　5ml	檸檬巧克力　150g

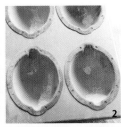

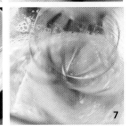
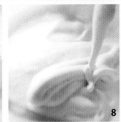

作法

1. 烤箱預熱 170 度 C（上下火）。
2. 烤模內塗上軟化奶油（分量外，圖1），撒上低筋麵粉（分量外，圖2），四面轉向敲一敲，讓粉沾裹均勻。
3. 將磨碎的檸檬皮與砂糖混合（圖3、圖4），讓香氣融合，放置 20 分鐘。
4. 隔水加熱檸檬砂糖、全蛋、蜂蜜、香草精至 40 度 C（圖5、圖6）。
5. 隔水加熱無鹽奶油後，放涼與檸檬汁拌勻備用。
6. 快速打發步驟 4 的檸檬砂糖和全蛋至濃稠狀，直到用攪拌器在麵糊上畫圈圈有紋路，圖案慢慢才消失（圖7、圖8）。
7. 將低筋麵粉過篩加入蛋糊，輕柔拌勻以避免消泡（圖9）。

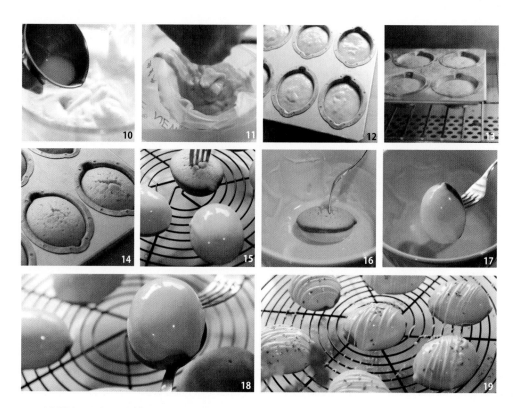

8. 檸檬奶油加入麵糊中快速拌勻（圖10）。

9. 麵糊放入擠花袋中（圖11），平均擠入模具內約 8-9 分滿，敲出空氣（圖12）。

10. 放進烤箱中層，以上下火 170 度 C 烘烤 15-18 分鐘（圖13）。

11. 出爐後稍微放涼，就可以倒扣脫模（圖14）。

12. 將檸檬巧克力以微波爐加熱融化後，用叉子固定蛋糕體背面（圖15）。

13. 讓圓弧表面平均沾上檸檬巧克力（圖16、圖17），放在置涼架上等待冷卻即可（圖18）。

14. 放涼後再用剩餘的檸檬巧克力放入擠花袋中，擠上檸檬蛋糕線條以及撒上檸檬皮裝飾（圖19）。

掃描右方 QR Code，即可觀看示範影片喔！

tips 貼心小提醒

全蛋打發如氣泡過大，可用攪拌器再以低速整理，約 30 秒至氣泡變細緻。

10 _{CAKE} 柔軟綿密**巧克力棉花蛋糕**

利用燙麵法將麵粉糊化,水分油脂吸收得更好,可以讓口感更綿密濕潤、
入口即化。用水浴法讓蛋糕濕潤細緻!
穩定烤溫讓表皮不破裂,看起來美呆了!!!

模具

6 吋固定蛋糕模、深烤盤

材料

全蛋　4 顆	可可粉　12g	植物油　50ml
砂糖　50g	低筋麵粉　50g	牛奶　50ml

作法

1. 烤箱預熱 150 度 C（上下火）。準備深烤盤，倒入約 1.5 公分高度涼水，一起置於烤箱中下層預熱（圖 1）。

2. 剪好一張圓型烘焙紙，墊在烤模底部（圖 2）。

3. 將雞蛋分成蛋黃、蛋白（圖 3）。

4. 過篩低筋麵粉與可可粉備用（圖 4）。

5. 將油放在一小鍋中，以小火加熱至起油紋（圖 5）後離火，迅速倒入低筋麵粉與可可粉快速拌勻（圖 6、圖 7）。

7. 放入牛奶、蛋黃慢慢拌勻，即成巧克力蛋黃糊（圖 8、圖 9）。

8. 準備打蛋白，先用中低速打到粗泡，加入 1/3 砂糖，再用中高速繼續打到細緻，繼續加入 1/3 砂糖用中低速打，最後加入 1/3 砂糖，打到細緻綿密的濕性發泡，有彎勾（圖10）。

9. 先將 1/3 蛋白霜撈入蛋黃糊中稍微拌勻（圖11），再加入剩餘蛋白霜輕柔拌勻（圖12、圖13）。

10. 均勻倒入烤模內（圖14），先用叉子或筷子畫圈將大氣泡趕出（圖15），再輕輕震出氣泡。

11. 放入烤盤中，以水浴法烘烤 80 分鐘（圖16）。

12. 移至網架上放涼。輕敲蛋糕側邊，確認側邊皆離模後即可倒扣脫模（圖17、圖18）。

掃描右方 QR Code，即可觀看示範影片喔！

 貼 心 小 提 醒

燙麵法將麵粉糊化，水分油脂吸收得更好，讓口感更綿密濕潤、入口即化。
水浴法可讓蛋糕濕潤細緻。

Part
2

免烤箱也能完成的
美味點心

入口即化的草莓生乳酪蛋糕

免烤箱的生乳酪蛋糕,真的無敵簡單又好吃!滑順的乳酪蛋糕體,
有著奶油起司與鮮奶油、優格的多層次口感,酸中帶甜,
和底部的酥脆消化餅乾一起入口!超好吃的!

模具

4 吋圓形慕斯模（直徑約 11cm）

材料

消化餅乾　60g	動物性鮮奶油　70ml	吉利丁片　1.5 片
無鹽奶油　30g	砂糖 1　30g	草莓　適量
奶油起司　140g	砂糖 2　10g	
	無糖優格　25ml（可省略）	

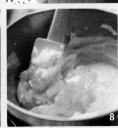

作法

1. 將消化餅乾壓碎，或用調理機打碎（圖 1）。
2. 奶油蓋上保鮮膜以微波融化後，與餅乾拌勻（圖 2）。
3. 模具外圍鋪上烘焙紙（圖 3）。
4. 將餅乾平均壓在模具底部，冰鎮冷藏 30 分鐘（圖 4）。
5. 吉利丁片泡入冰水軟化約 5 分鐘，擰乾備用（圖 5、圖 6）。
6. 奶油起司放在室溫軟化後，與砂糖 30g 混合（圖 7）。
7. 利用隔水加熱融化奶油乳酪，放入吉利丁片（圖 8），慢慢攪拌均勻（圖 9）。

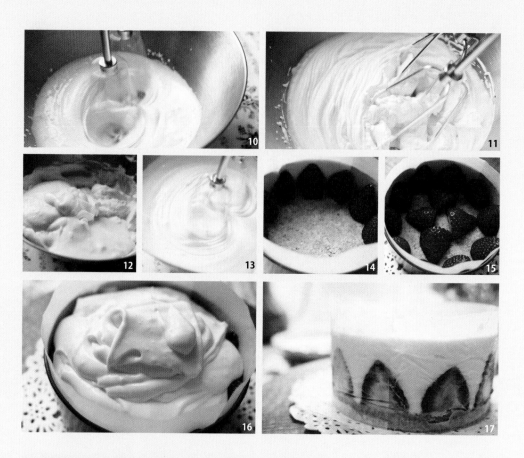

8. 動物性鮮奶油加入砂糖 10g 打發（圖 10、圖 11）。

9. 奶油起司與打發的鮮奶油、無糖優格一起拌勻（圖 12、圖 13）。

10. 草莓洗淨、擦乾，對半切擺入模具中（圖 14、圖 15）。

11. 倒入起司糊，抹勻表面（圖 16）。

12. 冷藏至少 3 小時以上（圖 17），取出後切片即可享用。

 掃描右方 QR Code，即可觀看示範影片喔！

 貼心小提醒

ↄ 模具外圍可選擇性鋪上烘焙紙，以便方便脫模！

ↄ 草莓洗淨擦乾備用，能讓蛋糕口感較佳喔！

2 CAKE 像冰淇淋般滑順的

奧利歐乳酪蛋糕

免烤 Oreo Cheesecake，實在太誘人了，
軟綿綿的起司內餡搭配 Oreo 餅乾，真的很像 Oreo 香草冰淇淋，
看起來是不是就超好吃的呢？

模具

6 吋分離式蛋糕模

材料

/ 餅乾底座 /

Oreo 餅乾　96g
（約 11 組餅乾，內餡刮掉）

無鹽奶油　50g

/ 起司內餡 /

奶油起司　200g

Oreo 內餡　30g
（11 組餅乾刮除後的內餡）

香草精　5ml

鮮奶油　180ml

砂糖　20g

吉利丁粉　4g

冷開水　20ml

Oreo 餅乾　10 片
（保留內餡）

Oreo 餅乾　5 片
（表層裝飾用）

作法

1. 刮除 Oreo 餅乾內餡奶油（圖1）。將餅乾放入夾鏈袋中，用棍子慢慢敲碎（圖2）。

2. 無鹽奶油融化（圖3），加入餅乾中拌匀（圖4）。

3. 將烘焙紙鋪在模具底部（圖5）。

4. 將步驟 2 倒入模具底部壓平，冷藏備用（圖6）。

5. 奶油起司隔水加熱軟化拌匀（圖7），加入步驟 1 的內餡 30g 拌匀（圖8）。

少女心噴發！俏媽咪潔思米的玩美烘焙

6. 繼續加入香草精拌勻（圖9）。

7. 鮮奶油加入砂糖後打發（圖10、圖11）。

8. 吉利丁粉倒入冷水中，無須攪拌，等待 10 分鐘膨脹即可（圖12）。

9. 將步驟 8 隔水加熱攪拌均勻（圖13），倒入奶油起司中拌勻（圖14）。

10. 再與奶油霜拌勻（圖15）。

11. 將另外 10 片 Oreo 餅乾捏碎成較大的塊狀，放入起司糊中拌勻（圖16、圖17）。

12. 將步驟 11 倒入模具中（圖18），將另外 5 片餅乾擺在表面上（圖19）。

13. 冷藏 3 小時以上或一晚即可享用。

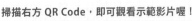

掃描右方 QR Code，即可觀看示範影片喔！

 貼 心 小 提 醒

 可利用熱毛巾貼著模具周圍，幫助起司稍微脫模後再取出（圖20）。

不用吉利丁的**香濃提拉米蘇**

_{CAKE} **3**

隔水加熱的方式提供蛋黃溫度，進而達到殺菌的效果，想要做提拉
米蘇卻又對生蛋有疑慮的朋友們，可以試試看這道食譜作法唷！

模具

12.5×12.5×5cm 正方形慕斯模

材料

蛋黃　2 顆　　　　　　動物性鮮奶油　130ml　　糖粉或砂糖　15g

砂糖　35g　　　　　　香草精　1 小匙　　　　　手指餅乾　12 片

馬士卡彭起司　130g　　美式咖啡　200ml 或濃縮　可可粉　適量（裝飾用）
　　　　　　　　　　　咖啡 1 杯

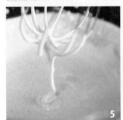

作法

1.　沖泡一杯濃縮咖啡（味道濃），或簡單的美式咖啡（味道較淡）200ml，加入 15g
　　糖粉或砂糖拌勻，放涼備用（圖 1）。
2.　砂糖加入蛋黃中，置於碗中（圖 2）。
3.　以小鍋裝水煮至沸騰，將步驟 2 的碗隔水加熱，但碗底不可接觸到熱水，
　　以免蛋黃燙熟（圖 3）。
4.　不停攪拌，將蛋黃以及砂糖打發（圖 4）。
5.　以溫度計測量蛋黃溫度為 60 度 C，並持續打蛋 4 分鐘以上。
6.　至蛋黃膨大、顏色變淡有紋路不會馬上消失後，放涼備用（此時為殺菌階段，等
　　回溫後再使用喔）（圖 5）。
7.　馬士卡彭起司常溫軟化，加入香草精，以打蛋器打軟（圖 6、圖 7）。

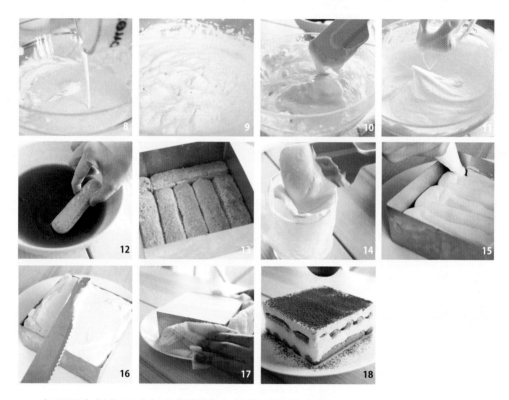

8. 在馬司卡彭起司中加入鮮奶油，打發至紋路出現（圖8、圖9）。
9. 加入蛋黃液，以刮刀拌勻，即為起司糊（圖10、圖11）。
10. 手指餅乾雙面沾上咖啡液，整齊擺入模具中（圖12、圖13）。
11. 將步驟9倒入擠花袋，擠入模具（圖14、圖15）。
12. 利用刀片刮整表面（圖16）。
13. 冷藏6小時或隔夜，以熱毛巾擦拭模具，幫助起司稍微軟化後脫模（圖17）。
14. 灑上可可粉即可享用（圖18）。

掃描右方 QR Code，即可觀看示範影片喔！

貼心小提醒

~ 打發蛋黃的動作為殺菌階段。蛋黃殺菌60度C，持續3.5-4分鐘。

~ 隔水加熱可幫助打發，質地較細緻。

~ 如果有溫度計，可以適時測量蛋黃溫度，可維持在65-70度C左右，但不要超過80度C，以免燙熟了喔！

~ 基本食譜會在咖啡液中加入酒類，例如萊姆酒、咖啡酒、瑪薩拉酒，喜歡酒味的朋友可另外加入20-40ml酒類調整喔！

4 滿滿情人節心意的甜點 生巧克力

CAKE

簡單四種材料做成的生巧克力！

表層的可可粉一入口，好像帶著苦甜的香氣！

接著是入口即化的巧克力主體，美味又甜蜜！

最後那一道餘韻滲入味蕾，讓人回味！簡直就跟愛情的味道沒有兩樣～

模具

7吋方形慕斯模

材料

72% 巧克力鈕扣　200g　　　牛奶　60ml　　　　　防潮可可粉　適量

動物性鮮奶油　140ml　　　無鹽奶油　30g

作法

1. 奶油切小塊，放常溫備用。
2. 牛奶與鮮奶油混勻後，煮至邊緣冒泡（約80度C）（圖1）。
3. 將牛奶液倒入巧克力中，稍微等待一下再開始慢慢拌勻（圖2）。
4. 隨時用刮刀刮乾淨底部以及容器周圍，直到巧克力有霧光感即可（圖3）。
5. 加入切成小塊的奶油，繼續以刮刀拌勻（圖4、圖5）。
6. 慕斯模下方放置一層玻璃紙或烘焙紙（圖6）。
7. 將巧克力糊從中倒入模具中（圖7）。
8. 以刮刀從四周整型（圖8）。
9. 蓋上保鮮膜，震出空氣（圖9）。

10. 冷藏 24 小時後取出，用刮刀切入生巧克力周圍後脫模（圖10、圖11）。

11. 表面灑上可可粉（圖12）。

12. 另拿一張玻璃紙或烘焙紙覆蓋後翻面（圖13、圖14），再撒上可可粉。

13. 切成想要的大小（圖15），可以視情況擦拭刀子，避免刀具沾上太多巧克力而影響切工。

14. 再將生巧克力四周沾上可可粉（圖16）。

15. 放置容器中，冷藏即可（建議三天內食用完畢）（圖17）。

16. 如果要攜帶外出或送人，則需使用保冷袋，以免軟化過快喔！

掃描右方 QR Code，即可觀看示範影片喔！

tips　貼 心 小 提 醒

ↄ 巧克力鈕扣可在烘焙材料行購得。若是使用較大塊的巧克力，記得要切碎才好融化喔。

ↄ 如果巧克力融化不勻，可利用隔水加熱方式繼續幫助融化。

5 _{CAKE} 耀眼迷人的芒果花慕斯蛋糕

慕斯蛋糕體,搭配芒果泥及打發的動物鮮奶油去調配,不酸不甜。
底層則是好吃酥脆的消化餅,還有上頭盛開的芒果花,
總共三層口感,美觀大方又美味!

模具

8吋分離式蛋糕模

材料

/ 餅乾底座 /

消化餅乾　150g
無鹽奶油　75g

/ 慕斯蛋糕 /

動物鮮奶油　200ml
砂糖　20g
芒果　300g
檸檬汁（1 顆分）　20-30ml
砂糖　25g
吉利丁片　4 片

/ 芒果花 /

芒果　約 2-3 顆

作法

1.　在模具底部鋪一張烘焙紙，以便脫模。
2.　將消化餅放在密封袋中壓碎（圖 1）。
3.　融化奶油，加入碎餅混勻（圖 2）。
4.　將步驟 3 放入模具壓平，置於冰箱冰凍備用（圖 3）。
5.　將砂糖放入動物鮮奶油，打發冷藏備用（圖 4、圖 5）。
6.　以調理機將芒果、砂糖與檸檬汁混勻打成泥（圖 6）。
7.　將吉利丁泡冰水，變軟後擰乾備用（圖 7、圖 8）。

8. 將步驟 6 隔水加熱後，放入軟化的吉利丁，以小火繼續隔水加熱，融化拌勻，放涼備用（圖9、圖10）。

9. 混合打發的鮮奶油及芒果檸檬泥，輕輕拌勻（圖11）。

10. 過篩去雜質倒入模具中，放入冷藏 4 小時以上（圖12）。

11. 芒果縱切成三塊，中間的籽不用，其他左右二大塊，用湯匙除去果皮（圖13、圖14）。

12. 將芒果塊先泡一下檸檬水後，取出放在餐巾紙上吸水、切片（圖15、圖16）。

13. 將小片的先輕輕折成 3 角形或近圓形形狀，擺放在蛋糕正中央（圖17）。

14. 慢慢將比較大的芒果片排在外圍，交錯的排整齊，花朵才會看起來自然（圖18、圖19）。

15. 脫模時用熱毛巾包著模具外圍一下，再輕輕把底盤往上推出。

16. 最後做些簡單的裝飾即可（薄荷葉、珍珠糖等）。

掃描右方 QR Code，即可觀看示範影片喔！

 tips 貼心小提醒

∿ 在冷水中加點檸檬汁，可防止芒果氧化變黑。

6 軟綿絲滑藍莓慕斯蛋糕
CAKE

軟綿綿的藍莓慕斯好好吃，清淡又爽口的甜度，做成漸層的美貌外觀，
是一道賞心悅目、兼具外型與內在的漂亮點心！

模具

6 吋分離式蛋糕模

材料

餅乾底座

奇福餅乾　60g
無鹽奶油　35g（微波融化成液體備用）

/ 藍莓果醬 /（成品約 50g）

藍莓　50g
檸檬汁　7ml
細砂糖　10g

/ 慕斯內餡 /

奶油起司　120g
牛奶　60ml
無糖優格　60g
動物性鮮奶油　200ml
砂糖　40g
吉利丁粉　7.5g
冷開水　38ml
裝飾藍莓　少許

1. 先製作藍莓果醬。準備一小鍋，放入藍莓、砂糖、檸檬汁（圖 1）。
2. 大火煮滾後出水，轉小火不停攪拌（圖 2）。
3. 並將果粒壓碎成為果泥稠狀，冷卻備用（圖 3）。
4. 將奇福餅乾壓碎（圖 4），加入融化的奶油拌勻（圖 5、圖 6）。
5. 在模具底部鋪上烘焙紙（圖 7）。
6. 倒入奇福餅乾，壓整，冷藏備用（圖 8、圖 9）。

7. 奶油起司置於室溫軟化，加入牛奶，隔水加熱（圖10）。

8. 拌勻融化至絲滑狀態（圖11）。

9. 再加入無糖優格繼續拌勻（圖12、圖13）。

10. 鮮奶油與砂糖打發至有紋路即可，不用打到全發硬挺（圖14、圖15）。

11. 將步驟 10 與 9 攪拌均勻（圖16、圖17）。

12. 吉利丁粉倒入冷水中，無須攪拌，等待 10 分鐘膨脹即可（圖18）。

13. 隔水加熱步驟12並攪拌均勻，稍微放涼（圖19）。

14. 吉利丁液體倒入步驟 11 中拌勻（圖21、圖22）。

15. 準備一個擠花袋和一個小的圓型花嘴（圖23）。

16. 保留一些白色慕斯放入擠花袋備用（或用小湯匙滴落小圓點即可）（圖24）。

    （如果沒有要做表面愛心裝飾，此步驟可以省略）

17. 取出一半白色慕斯倒入模具中，稍微輕敲讓慕斯平整（圖 25、圖 26），接著先冷藏 30 分鐘。

18. 另一半慕斯糊加入藍莓果醬，混合均勻成紫色慕斯（圖 27）。

19. 慢慢加入果醬調成喜歡的紫色，剩下的可以最後裝飾或做成抹醬、果茶。

20. 再倒入紫色慕斯於上層（圖 28）。

21. 一樣輕敲一下讓慕斯變平滑（圖 29）。

22. 最後擠上白色慕斯小圓點，用細細的牙籤劃出愛心（圖 30～圖 32）。

23. 冷藏 4 小時以上或一晚，以熱毛巾擦拭模具周圍幫助脫膜（圖 33、圖 34）。

24. 擺上一些新鮮藍莓裝飾（圖 35）。

掃描右方 QR Code，即可觀看示範影片喔！

 貼心小提醒

╰ 奇福餅乾較為細緻，也可用消化餅乾代替，顆粒口感更爽快酥脆。

╰ 如果吉利丁粉液體放涼後又變凝固了，可再次隔水加熱。

7 CAKE 夏日必嘗鮮漸層芒果奶酪

漸層的芒果奶酪，一層芒果，一層原味。雙層的美味口感，
滑順入口，是夏天芒果季必學習的點心之一！

let's bake

模具

奶酪杯

材料（可做 6~8 份）

/ 原味奶酪 /

動物性鮮奶油　105ml
牛奶　315ml
吉利丁片　2.5 片
砂糖　36g

/ 芒果奶酪 /

芒果　2 顆
（切丁後取 210g 果肉 其他裝飾備用）
動物性鮮奶油　90ml
牛奶　210ml

砂糖　36g
吉利丁片　2.5 片
薄荷　適量

 作法

/ 原味奶酪 /

1. 吉利丁片泡冰水軟化、擠乾水分備用（圖1～圖3）。
2. 牛奶、砂糖與鮮奶油一起以小火加熱至砂糖溶解（圖4）。
3. 加入吉利丁片，融化後過篩（圖5、圖6）。
4. 將杯身傾斜，原味奶酪平均倒入杯中，冷藏 2-3 小時至凝固（圖7）。

少女心噴發！俏媽咪潔思米的玩美烘焙

/ 芒果奶酪 /

1. 芒果切丁，與鮮奶油一起打成汁（圖8）。

2. 吉利丁片泡冰水軟化，擠乾水分備用（圖9）。

3. 砂糖加入牛奶，以中小火加熱溶解（圖10）。

4. 吉利丁片放入牛奶中一起攪拌融化（圖11）。

5. 加入芒果液混勻（圖12）。

6. 過篩後倒入已經凝固的原味奶酪中（圖13、圖14），
   直立擺放，冷藏 2-3 小時至凝固即可。

7. 擺上芒果丁及薄荷葉裝飾（圖15）。

掃描右方 QR Code，即可觀看示範影片喔！

 tips 貼 心 小 提 醒

~ 利用瑪芬模具或毛巾等各種小工具，讓奶酪杯傾斜做出造型。

8 人氣伴手禮雪 Q 餅
CAKE

零失敗甜點！酥脆、Q 軟帶有嚼勁與香甜的雪 Q 餅，
不小心會讓人一口接一口。
超級簡單就可以操作完成，是 DIY 伴手禮的絕佳選擇！

模具

一般保鮮容器

材料

無鹽奶油　50g	奇福餅乾　180g	奶粉　50g
白棉花糖　180g	蔓越梅乾　100g	

作法（建議使用不沾鍋）

1.　平底模具鋪上烘焙紙（圖1）。
2.　奇福餅乾稍微對折成兩半（圖2）。
3.　先將餅乾與蔓越莓乾混勻（圖3）。
4.　奶油以小火加熱融解（圖4）。
5.　加入棉花糖，繼續拌勻融化成滑順狀（圖5、圖6）。

6. 加入奶粉快速拌勻後熄火（圖7、圖8）。

7. 放入餅乾和蔓越莓乾，迅速攪拌（圖9）。

8. 倒在烘焙紙上鋪平，整成立體長塊狀（圖10、圖11）。

9. 冷藏1小時後就可分切享用囉（圖12、圖13）！

10. 可密封後保存。

掃描右方 QR Code，即可觀看示範影片喔！

tips 貼心小提醒

～ 可使用各樣耐熱器具當作模具。

～ 材料可加入各種堅果，以增加不同口感風味。

9 CAKE 柔軟糖香法式可麗餅

法式可麗餅 Crêpes，柔軟餅皮帶著淡淡奶油和糖香，
是法國的家常點心，一片片煎好的可麗餅，
搭配各種繽紛的自製醬汁、蜂蜜、冰淇淋、楓糖漿及各種水果，
是一道令人喜愛的點心，也是早午餐首選！

模具

20 公分直徑平底鍋（約可做 8 片）

材料

低筋麵粉　100g

砂糖　20g

鹽　0.5 小匙

全蛋　2 顆

牛奶　200ml~250ml

無鹽奶油　20g

喜歡的醬汁或水果　適量

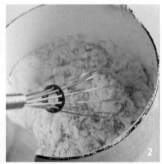

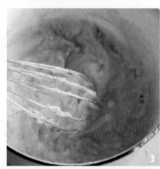

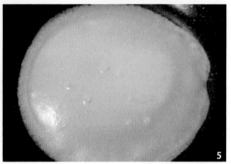

作法（建議使用不沾鍋）

1. 奶油隔水加熱，或是蓋保鮮膜小火微波成液態狀。

2. 將低筋麵粉、砂糖和鹽過篩，與全蛋拌勻（圖 1～圖 3）。

3. 加入牛奶繼續拌勻（圖 4）。

4. 最後加入融化的奶油繼續拌勻。

5. 靜置 30 分鐘。

6. 平底鍋加熱抹上一層油，倒入薄薄的麵糊，均勻搖晃至舖滿整個鍋底（圖 5）。

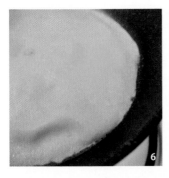

6

7

8

7. 小火煎至麵糊邊緣成焦色（圖6、圖7），翻面續煎幾秒鐘即可鏟起（圖8）。

8. 淋上喜歡的醬汁和水果享用（圖9）。

9

 貼 心 小 提 醒

～ 麵糊可前一天晚上先調好放在冰箱冷藏，隔日使用。

～ 煎好的餅皮若是未吃完，可放保鮮盒冷藏，使用前放入微波爐中小火加熱即可食用。

～ 平底鍋可用不沾鍋較容易成功。

PaRt 3

輕鬆完成的魔法點心

1 香脆杏仁瓦片

杏仁瓦片所需準備的材料超少，

而且基本的工夫只要會攪拌就好，

再注意幾個小撇步就可以零失敗！

let's bake

材料（約可做 6~7 公分大的 24 片）

低筋麵粉　60g　　　　砂糖　60g　　　　　杏仁片　150g

蛋白　3 顆　　　　　　無鹽奶油　36g

作法

1.　烘烤前 10 分鐘，將烤箱預熱 180 度 C（上下火）。
2.　將奶油用保鮮膜蓋好，微波融化後備用（圖 1）。
3.　低筋麵粉過篩。
4.　蛋白與糖攪拌均勻（圖 2）。
5.　將麵粉混入蛋白糊中拌勻至無粉粒（圖 3、圖 4）。
6.　放入奶油繼續拌勻（圖 5）。

7.　放入杏仁片拌勻（圖6）。

8.　蓋上保鮮膜，放入冰箱冷藏 30 分鐘（圖7）。

9.　鋪平烘焙紙，用湯匙挖出一塊塊小球狀於烤紙上（圖8）。

10.　備一小碗水，用手指沾水將杏仁糊輕輕抹平（圖9、圖10）。

11.　放入烤箱以 180 度 C 烤 18 分鐘後，烤盤拿出轉向再烤 5 分鐘（圖11）（如果家中烤箱上色均勻，可以省略這個步驟）。

12.　拿出放在冷卻網上放涼即可。

掃描右方 QR Code，即可觀看示範影片喔！

 貼心小提醒

⌒─ 用手指沾取一點水，有助於鋪平杏仁糊。

⌒─ 抹平麵糊時，可依個人口味調整厚薄的口感，讓杏仁片重疊即有厚實口感。

⌒─ 可依照自家烤箱溫度去調整上色程度及出爐時間。

2 濃郁軟心堅果布朗尼
CAKE

用堅果做成甜點中的靈魂食材，增加甜點的層次和口感，
巧克力風味的布朗尼和堅果真的超級合拍！
還有個濕潤軟心的小撇步要學起來！

模具

24×18×3cm 模具

材料

苦甜巧克力　150g	全蛋　4 顆	香草精　20ml
無鹽奶油　120g	砂糖　90g	堅果　150~180g
低筋麵粉　75g	可可粉　30g	

作法

1. 烘烤前 10 分鐘，將烤箱預熱 170 度 C（上下火）。
2. 巧克力隔水加熱融化後（圖 1），再放入奶油繼續融化（圖 2）。
3. 將蛋液與砂糖拌勻（圖 3），稍微打發（圖 4）。
4. 加入香草精拌勻（圖 5）。

5. 巧克力糊稍微放涼後，加入蛋液拌勻（圖6）。

6. 加入過篩的麵粉與可可粉拌勻（圖7）。

7. 加入堅果（圖8）。

8. 模具底層舖上烘焙紙，倒入模具約8-9分滿（圖9）。

9. 放進烤箱以170度C烘烤15分鐘，再以150度C烘烤15分鐘即可（圖10）。

10. 稍微放涼後切片享用囉！

掃描右方 QR Code，即可觀看示範影片喔！

 貼 心 小 提 醒

～ 先高溫後降溫的烘烤方式，可以維持布朗尼內部的濕潤。

～ 成品也可撒上一些糖粉，增加口感與視覺感喔！

熟成果香
香蕉核桃馬芬

過熟的香蕉真是不討喜，可是做成了甜點，卻獲得重生！
做出來的馬芬成品好鬆軟，充滿著香蕉濃郁的天然果香，
還有核桃的堅果香氣，濕潤好入口！

模具

六連馬芬模、紙模

材料（約可做 6~7 個）

低筋麵粉　150g	香草精　1 小匙	鹽　1/2 小匙
無鋁泡打粉　6g	砂糖　100g	熟核桃 1　50g（壓碎）
熟香蕉　150g	全蛋　1 顆	熟核桃 2　適量（裝飾用）
（剝皮後重量）	無鹽奶油　80g	

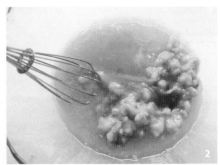

作法

1. 烘烤前 10 分鐘，將烤箱預熱 170 度 C（上下火）。
2. 將熟成香蕉搗成泥狀（圖1）。
3. 將無鹽奶油微波或隔水加熱融化呈液狀（微波時記得要蓋保鮮膜）。
4. 將奶油、砂糖、全蛋、香草精、香蕉泥和鹽先拌勻（圖2）。
5. 熟核桃 50g 壓碎（圖3）。

6. 將過篩的低筋麵粉與泡打粉、碎核桃放入步驟 5 中一起拌勻（勿過度攪拌以免影響口感）（圖 4～圖 6）。

7. 將麵糊倒入紙模中約 8 分滿，再放上完整核桃以及些許碎核桃點綴（圖 7）。

8. 放進烤箱中層，以 170 度 C 烤 25 分鐘即可（圖 8）。

 貼心小提醒

～ 若是用生的核桃，可先用烤箱 150 度 C 烘烤 5-8 分鐘。

～ 熟香蕉有著濃郁的天然果香，適合做甜點果香基底。

4 零失敗**藍莓優格馬芬**
CAKE

簡單的基本拌合法，先將濕料混合，再與乾料混合，
稍微注意幾個簡單小事項，在香噴噴的馬芬出爐時，
漂亮的表面裂痕，鬆軟濕潤好吃，烘焙自信絕對飆漲！！

模具

六連馬芬模、紙模

材料（約可做 6~7 個）

低筋麵粉　200g
無鋁泡打粉　6g
鹽　1/4 小匙
砂糖　80~100g
（80g 微甜，100g 中甜）

原味優格　120g
（我用有帶點甜味的原味優格，如果用無糖的，砂糖量要再增加）
全蛋　1 顆

植物油　100ml
藍莓　125g

作法

1. 烘烤前 10 分鐘，將烤箱預熱 180 度 C（上下火）。
2. 將全蛋、油、砂糖和優格拌勻（圖1、圖2）。
3. 過篩低筋麵粉、泡打粉和鹽（圖3）。
4. 將步驟 2 和 3 輕輕拌勻，確認濕料與乾料麵糊有互相吸收即可，勿過度攪拌（圖4、圖5）。

5. 最後放入藍莓，輕輕切拌（圖6）。

6. 將麵糊舀到馬芬杯內，約7-8分滿即可（圖7），因為烘烤會膨脹長高喔（圖8）。

7. 以180度C烘烤25分鐘。

貼 心 小 提 醒

- 加入藍莓時要輕盈切拌，不要太過用力，以免使藍莓擠壓出汁，影響成品口感。
- 做好的馬芬若2-3天後吃不完，需放到冰箱冷藏，要食用時拿出退冰或烤箱低溫烘烤，微波爐小火加熱即可食用。
- 乾料與濕料混合時不要過度攪拌，否則會起筋，口感變硬，成品不夠濕軟鬆軟，裂痕也會不夠漂亮。
- 麵糊的填裝千萬不可以過滿，要讓麵糊有空間往上長，如果烘烤膨脹後麵糊流出烤杯外，就不會有圓頂結皮的裂痕美感。
- 烘烤時間勿過長，否則蛋糕體會變得口感較乾。

5 茶香**伯爵紅茶磅蛋糕**
CAKE

調整奶油比例後的伯爵茶香磅蛋糕，給人一種優雅的感覺。
口感有點扎實、帶點蓬鬆、濕潤、不失奶油香氣，不甜不膩，
沒有絢麗外表，卻內斂得需要匹配上一壺好茶！

My Kithen

模具

20cm×10cm×7cm 模具

材料

低筋麵粉　230g	伯爵紅茶粉　13g	無鋁泡打粉　6g
細砂糖　100g	雞蛋　3顆	香草精　5ml
無鹽奶油　180g	鹽　2g	

作法

1. 烘烤前 10 分鐘，將烤箱預熱 180 度 C（上下火）。
2. 無鹽奶油放室溫軟化，打勻至泛白，加入砂糖拌勻（圖1）。
3. 分次加入雞蛋混勻（圖2）。
4. 加入香草精和過篩的低筋麵粉（圖3、圖4）。

5. 依序加入伯爵紅茶粉、泡打粉和鹽，以刮刀切拌均勻、確實攪拌（圖5～圖7）。
6. 烘焙紙放入模具中，將麵糊倒入模具內（圖8）。
7. 將表面整平（圖9）。
8. 放進烤箱中下層，以上下火 180 度 C 烘烤 50 分鐘。
9. 取出後脫模冷卻，切片享用囉！

掃描右方 QR Code，即可觀看示範影片喔！

 貼 心 小 提 醒

～ 軟化奶油才能順利打發。
～ 如果不使用烘焙紙，也可在模具內塗抹奶油，即可防沾。
～ 確認雞蛋已恢復室溫，再慢慢加入，以免奶油硬化。

6
CAKE
英式風情**酥鬆司康**

隨意抹上果醬、奶油或打發的鮮奶油,還有傳統吃法
搭配 clotted cream 凝脂奶油的司康餅,是英國家庭必備的點心,
也是英國人下午茶不能缺少的靈魂餐點。
好吃的司康香醇順口,鬆軟帶著奶香啊～

模具

5~6cm 司康模

材料（可做 5-6cm6 個）

中筋麵粉　250g	細砂糖　50g	鹽　1/2 小匙
泡打粉　8g	全蛋　1 顆	蔓越莓乾　適量
無鹽奶油　60g	動物性鮮奶油　120ml	

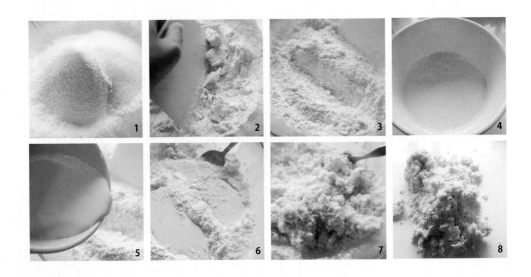

作法

1. 烘烤前 10 分鐘，將烤箱預熱 190 度 C（上下火）。
2. 麵粉、泡打粉過篩，與鹽、砂糖拌勻（圖 1）。
3. 放入切成小塊的冰奶油（圖 2）。
4. 以拌切方式切成細砂礫狀（圖 3）。
5. 全蛋先與鮮奶油混合（圖 4）。
6. 將蛋奶混合液體分次加入步驟 4，用叉子幫助成糰，此時麵糰黏黏濕濕的是
   正常的（圖 5～圖 8）。

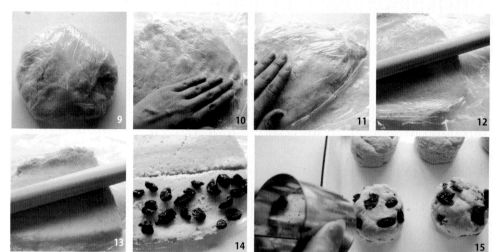

7. 成糰後，用保鮮膜包覆，放進冰箱冷藏 30 分鐘 -1 小時（圖 9）。

8. 取出麵糰後，在麵糰兩面都鋪上保鮮膜來擀平，將麵糰壓整、對折，做 6-8 次，幫助成品有鬆軟層次的口感（圖 10 ～圖 13）。

9. 放上適量蔓越莓乾（蔓越莓乾可以視情況切小塊）（圖 14），如果不放就是原味。

10. 擀到厚度約 2.5 公分，用壓模壓出，表面塗上蛋液（圖 15）。

11. 放進烤箱烘烤 20 分鐘，直到表面金黃即可（圖 16）。

掃描右方 QR Code，即可觀看示範影片喔！

 貼 心 小 提 醒

～ 材料的液體類，可以加入水、牛奶、優格，或是鮮奶油替換。

～ 鮮奶油口味最綿密也最好吃，牛奶口味較清爽，優格口味適中。

7 CAKE 一口剛好**布朗尼球**（原味／蜂蜜）

利用棒棒糖模具完成的布朗尼球，一口一個小巧可愛，
是成功率很高又很討人喜歡的一口甜點呢！

let's bake

模具

棒棒糖模具

/ 原味 / (約可做 24 顆)

苦甜巧克力　100g

無鹽奶油　80g

低筋麵粉　60g

全蛋　2 顆

砂糖　50g

萊姆酒　10ml（可省略）

/ 蜂蜜濕潤口味 / (約可做 24 顆)

苦甜巧克力　120g　　砂糖　20g

無鹽奶油　80g　　　　蜂蜜　40g

低筋麵粉　60g

全蛋　2 顆

作法

1.　烘烤前 10 分鐘，將烤箱預熱 170 度 C（上下火）。

2.　巧克力隔水加熱融化後，再放入奶油繼續融化（圖1、圖2）。

3.　蛋液與砂糖 50g（蜂蜜口味則改成砂糖 20g、蜂蜜 40g）拌勻，稍微打發（圖3、圖4）。

4.　蛋液加入萊姆酒（可省略）。

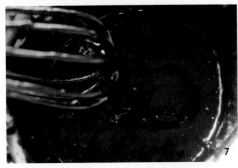

5. 巧克力糊稍微放涼後，加入蛋液拌勻（圖5）。

6. 加入過篩的麵粉拌勻（圖6、圖7）。

7. 倒入模具至約 8-9 分滿（圖8）。

8. 放入烤箱中層，烤 20 分鐘。

8 法式美味**瑪德蓮**（原味／巧克力）
CAKE

瑪德蓮（Madeleine）是一款非常經典的法式甜點，
據說是一位法國公爵舉辦宴會時，餐點師傅和糕點師傅產生爭執，
糕點廚師憤而離去。心急如焚的公爵深怕沒有糕點招待貴賓的時候，
家中女傭提供了自己家中常做的甜點食譜，
就是這道用麵粉、雞蛋、糖烘烤出來的點心，
沒想到大受好評，於是公爵便以女傭來做為此道甜點的命名。

模具

瑪德蓮模具

材料（可做 9~12 份）

/ 原味瑪德蓮 /

無鹽奶油	100g
全蛋	2 顆
砂糖	60g
低筋麵粉	100g
無鋁泡打粉	3g
蜂蜜	30g

/ 巧克力瑪德蓮 /

無鹽奶油	100g
全蛋	2 顆
砂糖	70g
低筋麵粉	90g
巧克力粉	10g
無鋁泡打粉	3g

蜂蜜　20g

作法

1. 烘烤前 10 分鐘，預熱烤箱上火 180 度 C，下火 190 度 C。
2. 奶油微波或隔水加熱融化後，撈除表面的白色乳脂備用（圖1）。
3. 全蛋與砂糖拌均勻至糖溶解（圖2）。
4. 倒入過篩低筋麵粉和泡打粉（巧克力口味還要加入可可粉）拌勻（圖3～圖5，圖6為巧克力口味）。
5. 加入融化奶油拌勻至光滑狀。
6. 加入蜂蜜拌勻。

少女心噴發！俏媽咪潔思米的玩美烘焙

7. 倒入擠花袋中，放到冰箱內 4 小時以
   上或隔夜皆可，讓麵團鬆弛（圖7）（切
   記，拿出要烘烤前一定要讓麵糊回溫變軟才會好
   擠，不然很容易填不滿模具，導致烤出的成品有氣
   孔喔）。

8. 在烤模抹上薄薄的奶油或沙拉油（圖
   8）。

9. 將麵糊擠到烤模內至約 8 分滿（圖9）。

10. 放入烤箱烤約 12-15 分鐘即可出爐（圖
    10、圖11）。

11. 趁熱倒扣取出。

掃描右方 QR Code，即可觀看示範影片喔！

9 CAKE 香甜有嚼勁 **比利時烈日鬆餅**

有個任性的比利時王子，住在名為烈日（Liège）的城裡，

他吃慣了一成不變的點心，某天就要求廚師想些新的餐點。

被刁難的御廚為了要伺候任性的王子，想到用珍珠糖放在發酵後的麵糰裡，

因為珍珠糖由甜菜根提煉，所以融點較高，烘烤過的點心，

還可以吃到珍珠糖的酥脆口感。

之後呢？便也成為家家戶戶喜愛的點心囉～

模具

鬆餅烤盤

材料 16 個小鬆餅 +4 個大鬆餅

高筋麵粉　120g	鹽　1 小匙	珍珠糖 40g
低筋麵粉　120g	全蛋　2 顆	
速發酵母　4g	牛奶　75ml	
砂糖　30g	無鹽奶油　75g	
蜂蜜　30g	（切小塊軟化）	

作法

1. 將鬆餅烤盤加熱備用。
2. 先取部分牛奶微波加熱到微溫，放入酵母溶解攪拌一下，等待約 5 分鐘（圖 1）。
3. 兩種麵粉加入砂糖、鹽、蜂蜜、全蛋及剩餘牛奶，攪拌均勻（圖 2）。
4. 加入步驟 2，繼續拌勻（圖 3～圖 4）。
5. 加入軟化切塊奶油，繼續拌勻成微微有黏度的糰狀（奶油切小塊比較好拌勻喔！）（圖 5～圖 6）。
6. 蓋上保鮮膜等待約 60-90 分鐘，發酵到原本的二倍大（圖 7）。

7. 放入珍珠糖拌勻（圖8、圖9）。

8. 發酵後麵糰有黏性，利用二支湯匙幫助挖取烘烤。

9. 在烤盤上抹油並加熱，放入麵糊做成想要的鬆餅尺寸（圖11～14）。

10. 烘烤約 3-4 分鐘，就可以享用囉！

掃描右方 QR Code，即可觀看示範影片喔！

10 CAKE 超人氣旺仔小饅頭

旺仔小饅頭！從小吃到大的美味點心。
酥脆、淡淡奶香,簡單就可以完成!寶貝們超愛~

材料（約可做 70~80 顆）

無鹽奶油　25g　　　　蜂蜜　10g　　　　　奶粉　20g

糖粉　20g　　　　　　玉米粉　90g　　　　無鋁泡打粉　2g

全蛋　60g　　　　　　低筋麵粉　60g

 作法

1.　烘烤前 10 分鐘，將烤箱預熱 150 度 C（上下火）。

2.　融化無鹽奶油（圖1）。

3.　全蛋與糖粉稍微打成淡黃色狀態（圖2、圖3）。

4.　加入融化奶油和蜂蜜拌勻（圖4、圖5）。

5.　將玉米粉、低筋麵粉、奶粉、泡打粉過篩至液體中，以刮刀拌勻（圖6、圖7）。

少女心噴發！俏媽咪潔思米的玩美烘焙

6. 再用手揉成糰狀（圖8、圖9）。
7. 麵糰切成三等份，搓成長條狀（圖10、圖11）。
8. 麵糰分切成小塊，搓圓（圖12、圖13），放在鋪了烘焙紙的烤盤上（圖14）。
9. 放進烤箱中下層，以150度C烘烤15-17分鐘。

掃描右方 QR Code，即可觀看示範影片喔！

11 焦香軟滑巴斯克起司蛋糕

CAKE

網路上爆紅的巴斯克蛋糕，外形很醜但很好吃！
帶著焦香布丁風的重乳酪蛋糕，用的粉類材料極少。
綿嫩鬆軟，濃郁奶香，濕潤不甜膩，
淡淡的起司蛋糕香氣又接近布丁口感，冰過更好吃喔！

模具

6 吋蛋糕模

材料

奶油起司　200g	細砂糖　60g	動物性鮮奶油　200ml
全蛋　2 顆	低筋麵粉　20g	香草精　1 小匙

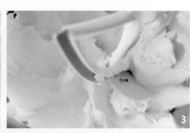

作法

1. 烘烤前 10 分鐘，將烤箱預熱 220 度 C（上下火）。
2. 將烤模周圍塗上奶油（圖 1）。
3. 隨意放入烤焙紙黏合（圖 2）。
4. 奶油起司放置室溫軟化，雞蛋放置室溫回溫備用。
5. 奶油起司加入砂糖攪拌均勻（圖 3）。
6. 將 2 顆全蛋與香草精打勻（圖 4）。
7. 將步驟 6 的蛋液加入步驟 5 拌勻（圖 5）。

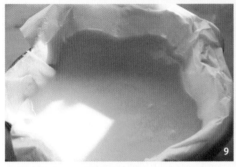

8. 加入鮮奶油攪拌均勻（圖6）。

9. 最後加入過篩麵粉拌勻（圖7）。

10. 蛋糕糊過篩更為細緻（圖8）。

11. 倒入模具中，用力敲一下，震出氣泡（圖9）。

12. 放進烤箱中下層，以220度C烘烤30-40分鐘（圖10）。

13. 冷藏一晚後再享用囉！

PART
4

台式麵包店招牌麵包

[手揉麵糰]直接法

高筋麵粉　250g	砂糖　30g	鹽　3g
冰牛奶　175ml	速發酵母　3g	無鹽奶油　30g (需提前室溫軟化至手指可壓下的狀態)

作法

1. 將所有乾性材料（奶油除外）放入盆內，用叉子攪拌一下（圖 1）
2. 再倒入牛奶，繼續用叉子拌勻成無粉的塊狀，再慢慢用手搓成糰（圖 2～圖 4）。
3. 移到平整的工作檯面上，準備開始揉麵（可練習計時，測試每次速度是否有進步）。
4. 以洗衣服的方式開始搓揉麵糰，一開始會非常鬆散與濕黏，是因為麵筋還未形成，不要急著加麵粉（圖 5）。
5. 記得用手腕的力道就好，不要用肩膀和上臂，如果用錯力氣，會讓你肩頸部不舒服。
6. 用洗衣服的方式搓揉拉長麵糰，水分慢慢被吸收。形成麵筋。
7. 大概揉 4 分鐘後，麵糰就已經融合、有彈性，可以稍微撐開（圖 6）。
8. 加入軟化的奶油放在麵糰中，用麵糰包覆住（圖 7、圖 8），繼續揉麵。
9. 因為油脂會阻礙麵筋連結形成，這時候麵糰又會開始出現黏性與鬆散。

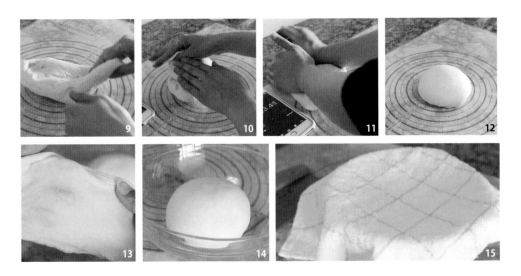

10. 繼續揉麵後，麵筋會在搓揉過程中慢慢的結合，奶油也慢慢吃進了麵糰中（圖9）。

11. 差不多又揉了 3 分鐘，此時已經大概揉到 7-8 分鐘，可以開始以摔打的方式操作。

12. 拉著麵糰一角，將麵糰摔打在桌面上，折起，轉 90 度繼續重複摔打，摔個50 下左右（圖10）。

13. 接著可用雙手再繼續左右搓揉至麵糰光滑，大概總共 10 分鐘（圖11）。

14. 稍微整圓（圖12），切下一小塊麵糰撐開，已經有薄膜的狀態（圖13）。

15. 這個時候就可以將麵糰整成圓形，放到盆中蓋上濕布，進行基本發酵囉（圖14、圖15）！

16. 於室溫中發酵約 60 分鐘，至麵糰變二倍大，便可進行下一步的整型動作。

掃描右方 QR Code，即可觀看示範影片喔！

 貼 心 小 提 醒

～ 如果想要更薄透的手套膜，可以繼續加時間操作揉麵的方式，直到揉到你想要的完美薄膜狀態。

～ 每個人的力道以及經驗不同，所以時間與過程都可以自行適當拿捏喔！

基本攪拌機 做麵糰

[材料] 直接法

高筋麵粉　250g	速發酵母　3g	無鹽奶油　20g
冰牛奶　180ml	鹽　3g	（需提前放置室溫軟化至手指可壓下的狀態）
砂糖　30g		

 作法

1. 將高筋麵粉、鹽、砂糖、速發酵母放入攪拌盆中，加入牛奶，以低速開始攪拌（圖1、圖2）。

2. 水量較多，因此揉麵時間會比較長是正常的。

3. 途中若麵糰黏缸，可適當使用刮刀刮下麵糰（圖3）。

4. 繼續攪打麵糰，直到拉起後有彈性且爬缸的狀態（圖4）。

5. 加入軟化的奶油，繼續以低速攪打 2-3 分鐘（圖5、圖6）。

6. 途中麵糰又會變成濕黏狀態，這是正常的。慢慢攪打後，麵糰會開始吸收奶油且恢復筋度。

7. 再用低速與中速攪拌成糰，並有光滑薄膜的狀態（圖7、圖8）。

8. 最後將麵糰翻摺整理成圓形後（圖9），放入盆中，放置室溫中，蓋上濕布（圖10），進行基本發酵。

9. 發酵時間約為60分鐘，至麵糰二倍大（圖11），便可進行下一步的整型動作。

掃描右方 QR Code，即可觀看示範影片喔！

tips　貼心小提醒

∽ 不需因為麵糰濕黏就急於加入麵粉，持續攪打，麵糰便會慢慢成形有彈性並吸收液體。

3 古早味蔥花麵包
BREAD

台式麵包長年熱銷款之一！既有著蔥香、帶著鹹香的古早味，
也保有台式麵包軟綿綿的口感～～
蔥花炙烤後的香氣、麵包體上的蛋香、
微微的底部蛋焦，超級美味！

材料（可做 6 份，每份包含 3 顆小麵糰，每顆麵糰約重 25g）

高筋麵粉　250g	速發酵母　3g	鹽　4g
全蛋　1 顆	鹽　3g	砂糖　3g
牛奶　60ml	蛋液　1 顆（烘烤前塗抹）	白胡椒粉　3g
冰水　60ml	**/ 蔥花餡料 /**	蛋液　1 顆
砂糖　30g	蔥花　130g	
無鹽奶油　25g（軟化）	植物油　50ml	

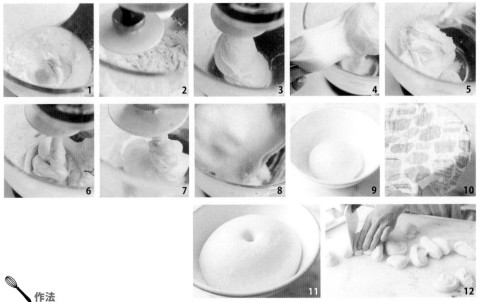

作法

1. 烘烤前 10 分鐘，將烤箱預熱 180 度 C（上下火）
2. 將粉類（高粉、砂糖、鹽、酵母）放入攪拌盆中，再倒入全蛋、冰水、牛奶（圖1）。
3. 先以低速攪拌，再以中速繼續攪拌（圖2）。
4. 途中若麵糰有黏缸，可適當使用刮刀刮下麵糰。
5. 繼續攪打麵糰，直到拉起後有彈性且爬缸的狀態（圖3、圖4）。
6. 加入軟化的奶油，繼續以低速攪打 2-3 分鐘（圖5）。
7. 途中麵糰又會變成濕黏狀態，這是正常的（圖6）。
8. 慢慢攪打後，麵糰開始吸收奶油且恢復筋度（圖7）。
9. 再用中速攪拌成糰，並有光滑薄膜的狀態（圖8）。
10. 最後整理麵糰呈圓形後放入盆中，置於室溫中，蓋上濕布，進行基本發酵（圖9、圖10）。
11. 發酵時間約為 60 分鐘，至麵糰變二倍大。以手指沾高筋麵粉，戳入後不會回彈即可（圖11）。
12. 麵糰發酵後，以手掌壓成圓形，平均切割成 18 顆（也可切割秤重，平均一顆約 25g）（圖12）。

13. 排氣收口滾圓，蓋上濕布鬆弛 10 分鐘（圖 13 ～圖 18）。

14. 將三個麵糰排在一起，總共 6 份（圖 19）。

15. 用剪刀或刀片割出（劃出）切口割線（圖 20）。

16. 繼續最後發酵約 40 分鐘。

17. 製作蔥花餡料，將蔥花之外的材料混勻。最後要烘烤前再加入蔥花拌勻（圖 21）。

18. 將發酵好的麵糰上塗上蛋液（圖 22）。

19. 均勻鋪上蔥花餡料（圖 23）。

20. 放進烤箱，以上下火 180 度 C 烘烤 15-20 分鐘即可。

掃描右方 QR Code，即可觀看示範影片喔！

tips **貼 心 小 提 醒**

蔥花內餡等最後發酵時再行製作，因為蔥花會出水。

4 古早味 台式甜甜圈

BREAD

甜甜圈的魅力簡單明瞭，砂糖裹在 Q 彈的麵包上就是這樣好吃，
價格也總是麵包店裡最親民的那個！
做甜甜圈真的不難，準備簡單基礎的材料，
把麵糰揉成光滑，等待二次發酵，160 度慢慢油炸，
沾上砂糖，就可以開動囉！

材料（成品為 8 份，每份麵糰約重 60~65g）

高筋麵粉　300g　　　　速發酵母　5g　　　　　鹽　4g

牛奶　140ml　　　　　無鹽奶油　35g（軟化）　細砂糖　適量（外層使用）

全蛋　1 顆　　　　　　砂糖　35g

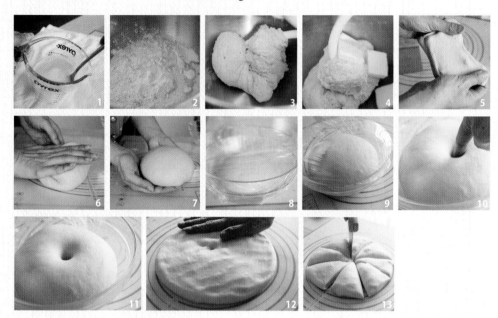

 作法

1. 準備油鍋，油溫約 160 度 C。

2. 全蛋與牛奶拌勻（圖1）。

3. 將所有食材（除了奶油）放入攪拌缸中，以低速攪拌 2 分鐘（圖2）。

4. 攪打麵糰至拉起後有彈性且爬缸的狀態（圖3）。

5. 加入軟化奶油，繼續以低速攪拌 10 分鐘（圖4）。

6. 取出麵糰檢視，已稍微有些許薄膜（圖5）。

7. 擠壓出空氣，滾圓麵糰（圖6、圖7）。

8. 放入盆中，蓋上保鮮膜發酵至二倍大（圖8、圖9），手指戳洞也不回縮的狀態即可（圖10、圖11）。

9. 倒出麵團，以手掌壓成圓形，切成 8 等份（也可切割平均秤重）（圖12、圖13）。

14. 每一等份確實排氣後滾圓（圖 14～圖 17）。

15. 用手掌按扁，蓋上保鮮膜，最終發酵 50 分鐘成二倍大（圖 18～圖 20）。

16. 手指沾上些許麵粉，在每個麵糰中搓小圓洞（圖 21～圖 23）。

17. 放入油溫 160 度 C 的油鍋內炸成金黃色後，繼續翻面也炸成金黃色（圖 24～圖 26）。

18. 裹上砂糖或糖粉即可享用（圖 27）。

掃描右方 QR Code，即可觀看示範影片喔！

 tips **貼心小提醒**

　　沒有溫度計測量油溫時，可用筷子插入油鍋，有油泡慢慢產生即可。

5 脆皮好吃的菠蘿麵包

BREAD

剛出爐的菠蘿麵包真的超香的，
如果喜歡內餡也喜歡自己加上奶酥、肉鬆、芋泥之類，
酥脆香濃的外層酥皮加上原味好吃的麵包，
任性的內行人應該都會把最外層的酥皮吃光光！
一整個好滿足啊！！！

安心、手作、樂趣、分享

烘焙黃金幸福

• 取自小麥中心精華的麵粉
• 專門爲家用攪拌機、製麵包機、手揉開發 • 不使用任何添加劑、改良劑

inches 5" 6" 7" 8"

超過百道
烘焙食譜線上看

愛用者服務專線：0800037520
服務信箱：臺灣臺南市永康區中正路301號
網址：www.uni-president.com.tw
www.pecos.com.tw

統一企業(股)公司
UNI-PRESIDENT ENTERPRISES CORP.

開創健康快樂的明天

巧克力蛋糕吐司

 步驟 / **材料**

麵團材料
麥典實作工坊麵包專用粉 ……250g
糖 ……40g
鹽 ……3g
即發乾酵母 ……3g
奶粉 ……25g
全蛋 ……25g
水 ……135g
奶油 ……30g
巧克力黃麵糊
蛋黃 ……6顆
糖 ……30g
鹽 ……1g
沙拉油 ……40g
牛奶 ……70g
麥典實作工坊麵包專用粉 ……60g
可可粉 ……25g
巧克力白霜
蛋白 ……6顆
糖 ……75g
其他材料
12兩土司烤模

① 所有材料揉至麵糰光滑，室溫28℃基本發酵60分鐘。
② 麵糰分割每個50g，依序滾圓且鬆弛15分鐘。
③ 準備烤模圍邊紙，可用烤焙紙剪成。
④ 將麵糰擀開，翻面以長邊捲呈棒狀。
⑤ 最後發酵50分鐘（環境溫濕度環境35℃、75%RH），放入12兩烤模。
【蛋黃麵糊製作】
(1) 糖、鹽、沙拉油、牛奶加熱至70度C
(2) 加入過篩的可可粉、麵粉使用打蛋器拌勻
(3) 分3次加入蛋拌勻
【蛋白霜製作】
(1) 蛋白、糖打至發泡呈鉤狀
(2) 挖1/3蛋白霜到蛋黃麵糊稍微攪拌，再倒回蛋白霜內拌勻。
⑥ 倒入260克混合麵糊於烤模，均勻後輕敲入爐。
⑦ 上/下火 170/190℃烤15分後，中間劃開一刀。
⑧ 以150/180℃再烤25~30分即出爐。

搜尋 麥典實作工坊

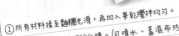

蔓越梅核桃吐司

材料 / **步驟**

材料
麥典實作工坊麵包專用粉 ……500g
糖 ……75g
鹽 ……7.5g
即發乾酵母 ……7.5g
奶粉 ……15g
全蛋 ……50g
水 ……300g
奶油 ……60g
果乾材料
蔓越莓 ……110g
核桃 ……100g
其他材料
12兩土司烤模
果乾材料前處理
※蔓越莓過後，加入蘭姆酒10g，隔夜靜置。
※核桃 150℃烤焙15分鐘，略上色即可。

① 所有材料揉至麵糰光滑，再加入果乾攪拌均勻。
② 室溫28℃基本發酵60分鐘。(可噴水、蓋濕布防止乾皮)
③ 麵糰分割每個200g、依序滾圓且鬆弛15分鐘。
④ 麵糰一次擀捲，擀開手掌長捲起，鬆弛10分鐘。
⑤ 二次擀捲，將麵糰糰轉而90度，上下擀長 (約擀麵棍長)。
⑥ 捲起麵糰，三個麵糰完成後，放入12兩烤模。
⑦ 最後發酵60分鐘（環境溫濕度35℃、80%RH）。
⑧ 麵糰上剪一大開口，裂口處擠上回溫奶油。
⑨ 以上/下火150/235℃烤25~35分，上色出爐。

搜尋 麥典實作工坊

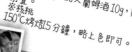

材料（成品為 10 份，每份麵糰約重 60g）

/ 中種麵糰 /

冷水　160ml
高筋麵粉　200g
速發酵母　2g

/ 主麵糰 /

高筋麵粉　120g
鹽　3g
砂糖　40g
牛奶　35ml
鮮奶油　25ml
速發酵母　2g
無鹽奶油　30g（軟化）

/ 酥皮 /

無鹽奶油　80g（軟化）
糖粉　90g
蛋黃　2 顆
高筋麵粉　120g
奶粉　20g
刷酥皮的蛋黃液　1 顆

作法

1. 烘烤前 10 分鐘，將烤箱預熱 180 度 C（上下火）。
2. 將中種麵糰材料中的麵粉和酵母混合，加入冷水，攪拌均勻至無粉狀（圖1）。
3. 蓋上保鮮膜，冷藏隔夜發酵（圖2）。
4. 將隔夜中種撕成一塊塊後，混合主麵糰材料：高筋麵粉、砂糖、鹽、牛奶與鮮奶油，低速攪打成有彈性的糰狀（圖3）。
5. 再加入酵母粉及軟化奶油，繼續低速配合中速，攪拌成有薄膜狀態（圖4～圖6）。
6. 整形滾圓後，蓋上保鮮膜，基礎發酵約 60 分鐘（圖7）。

/ 酥皮作法 /

1. 等待基礎發酵時，可製作酥皮。
2. 將奶油與糖粉用打蛋器拌勻，加入蛋黃繼續拌勻（圖8）。
3. 再加入過篩奶粉、高筋麵粉，用刮刀切拌方式拌勻（圖9）。切記不要過度攪拌，有點鬆鬆的砂礫質地就可以了（圖10）。

4. 再用手稍微整形融合之後，用保鮮膜包覆，冷藏 60 分鐘左右備用（圖 11～圖 13）。

5. 酥皮秤重平均分成 10 等份揉圓。

/ 麵包整形 /

1. 麵糰基礎發酵約 60 分鐘後成二倍大左右，手指戳入發酵好的麵糰後，沒有回彈即發酵完成（圖 14）。

2. 將麵糰秤重分成 10 等份揉圓，蓋上保鮮膜鬆弛 15 分鐘（圖 15、圖 16）。

3. 酥皮底下與表面皆鋪上一層保鮮膜（圖 17），以擀麵棍壓平擀圓（圖 18）。

4. 以單面保鮮膜操作，將酥皮包在麵糰外整型（圖 19）。

5. 在酥皮上刷上蛋黃液。再用叉子畫出線條，畫深一點較立體（圖 20）。

6. 繼續發酵 60 分鐘，直到變成二倍左右大小。

7. 放進烤箱烘烤 20-25 分鐘，至喜愛的金黃色即可（圖 21）。

just beat it

掃描右方 QR Code，即可觀看示範影片喔！

6 寶貝超愛熱狗麵包捲

小寶貝超愛的熱狗麵包捲，軟綿綿的麵包，
好吃彈牙的鹹香熱狗，飽足感滿點！

材料（成品為 8 份，每份麵糰約重 60g）

高筋麵粉　250g　　　　無鹽奶油　30g（軟化）

全蛋　1 顆　　　　　　速發酵母　3g

牛奶　60ml　　　　　　鹽　5g

冰水　60ml　　　　　　蛋液　1 顆（烘烤前塗抹）

砂糖　40g　　　　　　　熱狗　8 根

作法

1.　烘烤前 10 分鐘，將烤箱預熱 180 度 C（上下火）。

2.　將高筋麵粉、砂糖、鹽、酵母放入攪拌盆中，倒入全蛋、冰水、鮮奶（圖1）。

3.　先以低速攪拌，再以中速繼續攪拌。途中若麵糰有黏缸，可適當使用刮刀刮下麵糰。

4.　繼續攪打麵糰至拉起後有彈性且爬缸的狀態（圖2、圖3）。

5.　加入軟化的奶油，繼續以低速攪打 2-3 分鐘（圖4、圖5）。

6.　途中麵糰又會變成濕黏狀態，慢慢低速攪打後，麵糰會開始吸收奶油且恢復筋度。

7.　再用中速攪拌成糰，並有光滑薄膜的狀態（圖6）。

8.　最後整理麵糰成圓形後放入盆中（圖7），置於室溫中，蓋上濕布，進行基本發酵（圖8）。

9.　發酵時間約為 60 分鐘，至麵糰變成二倍大（圖9）。

10.　手指沾上高筋麵粉，戳入麵糰不會回彈即可（圖10）。

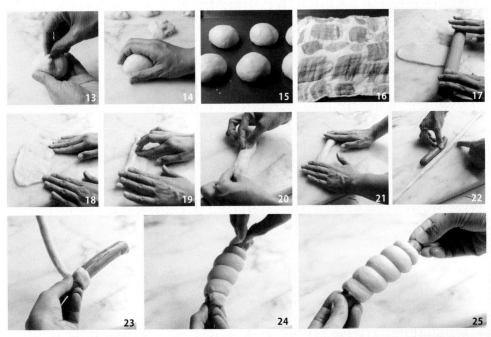

11. 以手掌排氣壓成圓形，秤重平均切割成 8
    份，一份約 60g（圖 11、圖 12）。

12. 收口滾圓，蓋上濕布鬆弛 10 分鐘（圖 13
    ～圖 16）。

13. 用擀麵棍將麵糰擀長（圖 17）。

14. 翻面轉 90 度，平整面朝下，從長邊將麵
    糰捲起，稍微捏緊收口（圖 18 ～圖 20）。

15. 接著將麵糰搓長至熱狗的 3.5 ～ 4 倍長
    度（圖 21、圖 22）。

16. 用麵糰將熱狗捲起，一頭需藏在麵糰
    內，輕輕捲起，收尾也需捏緊（圖 23 ～圖
    25）。

17. 蓋上濕布，繼續最後發酵約 50 分鐘。

18. 在發酵好的麵糰上塗抹蛋液（圖 26）。

19. 放進烤箱烘烤 15-20 分鐘即可。

20. 出爐後可撒上些許香料粉或巴西利末。

掃描右方 QR Code，即可觀看示範影片喔！

7 蔥花肉鬆麵包捲

BREAD

烤得微焦脆的清香蔥花、酥鹹的肉鬆
夾在軟綿拉絲的麵包捲裡，
出爐的時候，是滿屋子麵包香、蔥花香與幸福古早味的香氣！

模具

22×33 公分烤盤

材料（可做 4 份）

高筋麵粉　250g
全蛋　1 顆
鹽　3g
砂糖　30g
牛奶　120g
速發酵母　3g
無鹽奶油　30g（軟化）

/ 蔥花餡 /

青蔥　100g
植物油　20g
鹽　2g
砂糖　2g
全蛋　1 顆
白胡椒粉　1 小匙

/ 其他 /

白芝麻粒、美乃滋、肉鬆、
全蛋液　適量

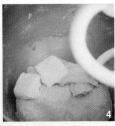

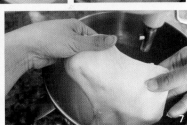

作法

1. 烘烤前 10 分鐘，將烤箱預熱 200 度 C（上下火）。
2. 將高筋麵粉、砂糖、鹽、酵母放入攪拌盆中，再倒入雞蛋、牛奶（圖 1）。
3. 先以低速攪拌，再以中速繼續攪拌（圖 2）。途中若麵糰有黏缸，可適當使用刮刀刮下麵糰。
4. 繼續攪打至麵糰拉起後有彈性且爬缸的狀態（圖 3）。
5. 加入軟化的奶油（圖 4）。
6. 繼續以低速攪打 2-3 分鐘，途中麵糰又會變成濕黏狀態（圖 5）。
7. 慢慢低速攪打後，麵糰會開始吸收奶油且恢復筋度。
8. 再用中速攪拌成糰，並有光滑薄膜的狀態（圖 6、圖 7）。

9. 最後整理好麵糰呈圓形後放入盆中，置於室溫中，蓋上濕布，進行基本發酵（圖8、圖9）。發酵時間約為 50 分鐘，至麵糰變成二倍大。

10. 手指沾上高筋麵粉，戳入麵糰不會回彈即可（圖10）。

11. 用手排氣，先稍微擀成長方形（圖11、圖12）。

12. 蓋保鮮膜鬆弛 15 分鐘（圖13）。

13. 繼續擀成跟烤盤差不多大的長方形狀（圖14）。

14. 烤盤上鋪上烘焙紙。放入麵糰再用手繼續整形（圖15）。

15. 用叉子將麵糰戳氣孔，以免烤焙時高低不齊，麵包體容易烤透（圖16）。

16. 蓋上濕布再次發酵 50 分鐘。

17. 青蔥切成蔥花，撒上鹽、砂糖、沙拉油、麻油、白胡椒粉（圖17）。

18. 另備 1 顆雞蛋拌勻，在發酵好的麵糰表面輕刷上蛋液（圖18）。

19. 平均鋪上蔥花餡，撒上芝麻粒（圖19、圖20）。

20. 放進烤箱烘烤 12-15 分鐘即可（圖21）。短時間烘焙可減少蔥花上色過度。

21. 移至冷卻架放涼。另外準備一張大烘焙紙倒扣（圖22）。

22. 底部朝上，靠近自己的長邊處，劃幾下不要切到底（圖23）。

23. 塗上薄薄一層美乃滋（圖24）。

24. 平均撒上肉鬆（只灑靠近自己的2/3處）（圖25）。

25. 用底部烘焙紙捲起（圖26）。靜置後等待3分鐘再切開（圖27）。

26. 頭尾切掉，平均分成4等份（約8公分1份）（圖28）。

27. 兩側邊都抹上美乃滋並沾上肉鬆，就完成囉（圖29、圖30）！

掃描右方 QR Code，即可觀看示範影片喔！

My Kithen

PART 5

想一做再做的暖心麵包

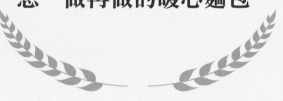

1 日本人氣超夯生吐司
BREAD

來自日本超人氣的生吐司，直接吃就超好吃！
香甜口感，濕潤鬆軟又拉絲！！
不用塗抹任何其他食材，單吃就很好吃！
甚至連很多人不愛吃的吐司邊也一樣美味好入口！

let's bake

模具

12 兩帶蓋吐司模具一個

材料

高筋麵粉　270g	蜂蜜　25g	冰水　50ml
鹽　3g	速發酵母　3g	無鹽奶油　25g（軟化）
砂糖　15g	冰牛奶　80ml	
	動物性鮮奶油　80ml	

作法

1. 烘烤前 10 分鐘，將烤箱預熱 180 度 C（上下火）。
2. 將牛奶、鮮奶油和水混勻（圖 1）。
3. 高筋麵粉、鹽、砂糖、蜂蜜、速發酵母放入攪拌盆中（圖 2）。
4. 將步驟 2 倒入攪拌盆中，以低速或中低速攪拌均勻（圖 3）。
5. 此麵糰水分多，攪打過程比較溼黏，可適當停下刮缸讓麵糰集中（圖 4、圖 5）。
5. 打到麵糰呈現有點爬缸且拉起後有彈性狀態（圖 6）。
   加入軟化的奶油，繼續以低速攪拌至奶油被吸收，轉中速攪拌成光滑有薄膜的狀態（圖 7～圖 9）。
6. 此時麵糰非常柔軟，稍微收整成圓形後放入盆中（圖 10）。
7. 蓋上濕布，進行第一次發酵 30 分鐘（圖 11）。

8. 以手指戳入麵糰，如果沒有回彈即代表發酵完成（圖 12、圖 13）。

9. 將麵糰平均秤重分成 3 等份（圖 14）。

10. 收起麵糰滾圓，蓋上濕布鬆弛 15 分鐘（圖 15 ～圖 17）。

11. 收口處朝上，將麵糰稍稍壓平擀長，折三折（圖 18 ～圖 21）。

12. 再蓋濕布鬆弛 10 分鐘（圖 22、圖 23）。

掃描右方 QR Code，即可觀看示範影片喔！

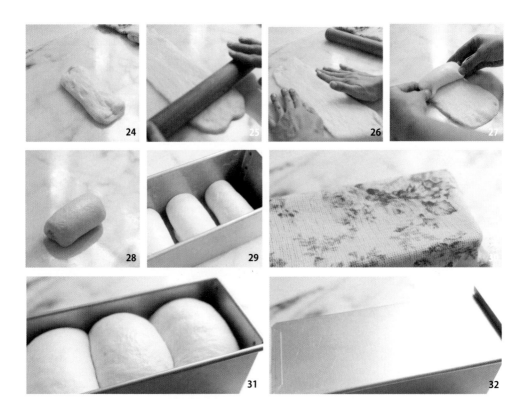

13. 底部朝上，繼續桿成長條形（圖24、圖25）。

14. 拍掉側邊氣泡，輕輕捲起（圖26～圖28）。

15. 在模具內部及蓋子接觸面塗上一層奶油（分量外）。

16. 麵糰收尾面朝下，以不同方向放入烤模（圖29）。

17. 蓋上濕布發酵50分鐘，直到麵糰發至約模具8分滿（圖30、圖31）。

18. 蓋上吐司蓋（圖32）。

19. 放進烤箱下層，以上下火200度C烘烤40分鐘。

🍞 **tips 貼心小提醒**

　♢ 若是使用不沾烤盒，可省略塗油動作哦！

　♢ 若是不蓋蓋子烘烤，會做成山形吐司，烤溫改為烤箱上下火180度C烘烤
　　15分鐘，接著調降到160度C烘烤15-20分鐘。

2 BREAD 免揉**核桃**歐式麵包

（鑄鐵鍋版本）

懶得揉麵，沒時間做麵包的你，來試試這款輕鬆免揉！
只要把材料喇一喇，就給你外脆內濕潤的歐式核桃鄉村麵包！

模具

20~22cm 鑄鐵鍋

材料

高筋麵粉　400g	水　350ml	蜂蜜　10g
速發酵母　4g	鹽　8g	市售熟核桃　130g

作法

1. 烘烤前 10 分鐘，將烤箱預熱 230 度 C（上下火）。
2. 在調理盆中加入水，加入蜂蜜、酵母粉和鹽拌勻（圖1）。
3. 加入高筋麵粉，用刮刀或湯匙拌勻至沒有粉粒殘留，表面呈粗糙狀態即可（圖2）。
3. 蓋上保鮮膜，放進冰箱冷藏發酵 12-18 小時（圖3）。
4. 將核桃切碎（圖4）。
5. 工作檯上灑上手粉（圖5）。
6. 用刮刀將調理盆裡膨脹成蜂窩狀的麵糰刮出來（圖6、圖7）。
7. 用刮刀幫助整形，並將麵團拉開成為正方形（如果麵糰太黏，可以一邊灑手粉一邊操作。）（圖8）。
8. 靠近自己的 2/3 處放上一半的核桃，並上下交疊（圖9、圖10）。
9. 在長條的麵糰一側 2/3 處放上剩下的核桃再交疊（圖11、圖12）。

10. 最後收口朝下，放在烘焙紙上，再放置於盆中，灑上適量高筋麵粉（份量外）（圖13）。

11. 拿一塊布蓋住麵糰，放置室溫發酵1.5個小時（圖14）（夏天1小時，冬天可延長至1.5～2小時，直到麵糰成為二倍大）（圖15）。

12. 發酵完成前20分鐘，將鑄鐵鍋加蓋，與烤箱一起預熱至230度C（圖16）。

13. 將發酵好的麵糰放入預熱好的鑄鐵鍋內（圖17）。

14. 麵包表面以刀片割線（圖18）。

15. 先蓋上鍋蓋，放進烤箱中下層，以上下火230度C烘烤20分鐘（圖19），打開鍋蓋，再以210度C烘烤25分鐘（圖20）。

16. 將麵包取出放在隔熱墊上散熱，不可以悶在鍋內，否則會潮濕喔（圖21、圖22）。

17. 可切片食用（圖23），或放保鮮盒冷藏，要食用時再烘烤一下即可。

 掃描右方 QR Code，即可觀看示範影片喔！

貼心小提醒

tips

~ 若是使用生核桃，可用150度C先烘烤5-8分鐘。

~ 麵糰如果太黏，可灑手粉利用刮板幫助整形。

~ 實際時間可依照自家烤箱烤溫及需求的焦度調整。

肉桂控最愛的肉桂捲

身為世界上古老的香料之一,
肉桂的香氣對某些人而言是又愛又恨,或者是無法抗拒的獨特味道,
帶著一股天然的苦、辣、甜,卻又不像是普通的甜味,
也沒有難以入喉的苦辣味,就是這種說不出來的氣味,
在泡咖啡、烘焙甜點時加入,可以提香,因此深深吸引著無數擁護者。
你也跟我一樣喜歡肉桂捲嗎?

材料（可做 8 ～ 10 個）

中筋麵粉　400g
全蛋　1 顆
無鹽奶油　50g
砂糖　40g
鹽　4g
牛奶　180ml
速發酵母　7g

/ 內餡 /

無鹽奶油　80g（軟化）
黑糖　80g
肉桂粉　10g

/ 糖霜 /

糖粉　120g
水或牛奶　30ml
香草精　1 小匙（可省略）

🥄 **作法**

1. 烘烤前 10 分鐘，將烤箱預熱 180 度 C（上下火）。
2. 奶油與牛奶、砂糖，小火加熱至微溫融化（圖 1）。
3. 離火後，稍微放涼（圖 2）。
4. 中筋麵粉過篩，加入鹽與酵母粉拌勻（圖 3、圖 4）。
5. 加入步驟 2 與全蛋，攪拌至沒有乾粉，再揉麵至光滑（圖 5 ～圖 7）。
6. 蓋上保鮮膜，發酵 60 分鐘，至麵糰變成二倍大（圖 8）。
7. 以手指戳入麵糰，如果沒有回彈即代表發酵完成（圖 9）。
8. 將內餡用的軟化奶油、肉桂粉和黑糖拌勻（圖 10、圖 11）。
9. 將麵糰倒出，稍微再做壓、推、折、動作數次，將空氣擠出（圖 12）。

10. 開始整型，將麵糰擀成長方型（圖
    13）。

11. 塗上黑糖肉桂醬，並將麵糰捲起（圖
    14、圖 15）。

12. 收口，平均切成 9 等份（圖 16、圖
    17）。

13. 模具塗上軟化奶油（**分量外**），鋪上烘
    焙紙，將麵糰放入（圖 18～圖 20）。

14. 進行最後發酵約 30-40 分鐘（圖
    21）。

15. 放進烤箱，以上下火 180 度 C 烘烤
    25 分鐘。

16. 烤好後取出，稍微放涼。

17. 製作糖霜，將糖粉、水和香草精輕
    輕攪拌均勻（圖 22、圖 23）。

18. 將糖霜淋在肉桂捲上即可（圖 24）。

掃描右方 QR Code，即可觀看示範影片喔！

超軟綿的香蒜軟法

4
BREAD

自己做的蒜香奶油，烘烤的時候整個屋子都瀰漫香蒜味～～
搭配清香的巴西里蒜味奶油，趁熱吃超香超軟綿好吃！！！

My Kithen

材料（可做 8～10 個）

/ 中種麵糰 /

高筋麵粉　300g
速發酵母　3g
牛奶　200ml

/ 主麵糰 /

高筋麵粉　75g
冰水　55ml
砂糖　30g
鹽　5g
速發酵母　3g
無鹽奶油　20g（軟化）

/ 香蒜奶油 /（成品約 150g）

無鹽奶油　100g（軟化）
蒜末　40g
鹽　5g
乾燥巴西里　5g
另備起司粉　適量

🥄 作法

1. 烘烤前 10 分鐘，將烤箱預熱 180 度 C（上下火）。

2. 中種麵糰材料混合後攪拌均勻至無粉狀，蓋上保鮮膜，室溫發酵約 2-3 小時至二倍大（圖1、圖2）。

3. 中種麵糰撕成塊狀（圖3），加入高筋麵粉、砂糖、鹽巴、酵母、冰水，攪拌至麵糰無粉狀（圖4）。

4. 再加入軟化奶油，繼續攪拌至出現薄膜（圖5、圖6）。

5. 麵糰整圓後，蓋上保鮮膜發酵約 60 分鐘，直至變成二倍大（圖7）。

6. 排氣後分割成 6 份，每份約 110g（圖8、圖9）。

7. 收口後滾圓，蓋上濕布或保鮮膜鬆弛 15 分鐘（圖10、圖11）。

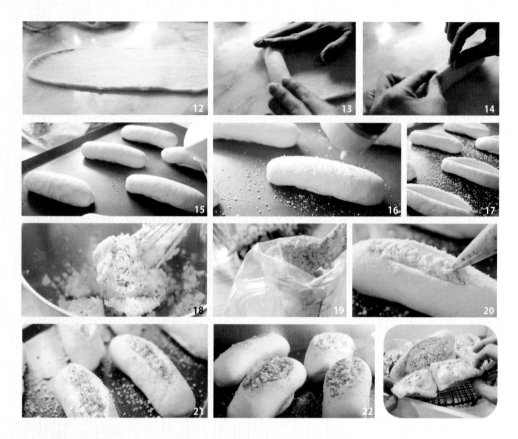

8. 將麵團擀成橢圓形，捲起，收口捏緊成為橄欖型（圖 12～圖 14）。

9. 表面噴水，撒上起司粉、割線，繼續發酵成二倍大（圖 15～圖 17）。

10. 將香蒜奶油所有材料拌勻，放入擠花袋中（圖 18、圖 19）。

11. 將香蒜奶油擠入麵糰裂口，再撒上一些巴西里（圖 20、圖 21）。

12. 放進烤箱中下層，以上下火 180 度 C 烘烤約 15-20 分鐘即可（圖 22）。

掃描右方 QR Code，即可觀看示範影片喔！

 tips 貼心小提醒

∼ 香蒜奶油可預先備料冷藏，使用前取出退冰。

∼ 香蒜奶油可當成一般吐司抹醬使用。

5 柔軟到無法自拔
煉乳牛奶排包

好吃、柔軟到無法自拔的煉乳牛奶排包完成囉！！！
牽絲又軟綿，可以把煉乳改成鮮奶油或牛奶，
口感會稍不同，參考看看喔！

材料（約可做 10 個）

/ 中種麵糰 /

高筋麵粉　200g
速發酵母　3g
牛奶　130ml

/ 主麵糰 /

高筋麵粉　130g
奶粉　10g
砂糖　60g
鹽　3g
全蛋　1 顆（約 50g）

煉乳　40g
無鹽奶油　40g（軟化）
速發酵母　1g

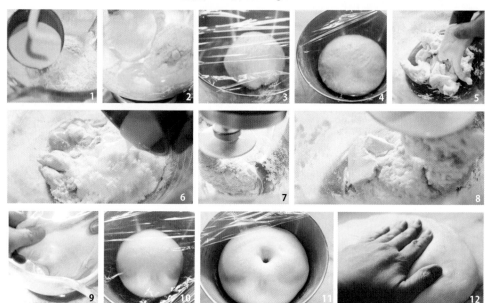

作法

1. 烘烤前 10 分鐘，將烤箱預熱 180 度 C（上下火）。

2. 將中種麵糰材料混合後，攪拌均勻至無粉狀，蓋上保鮮膜（圖1、圖2）。

3. 放置室溫發酵約 2-3 小時，至麵糰變成二倍大（圖3、圖4）。

4. 中種麵糰撕成塊狀（圖5）。

5. 加入主麵糰的高筋麵粉、奶粉、砂糖、鹽、酵母、全蛋和煉乳，攪拌至無粉狀（圖6、圖7）。

6. 再加入軟化奶油，繼續攪拌成可以延展成薄膜的狀態（圖8、圖9）。

7. 麵糰整圓後，蓋上保鮮膜發酵約 1 小時（圖10）。

8. 等麵糰發酵至二倍大，手指戳入麵糰中無回彈即可（圖11）。

9. 排氣後（圖12）分割成 10 份，每份約 65g。

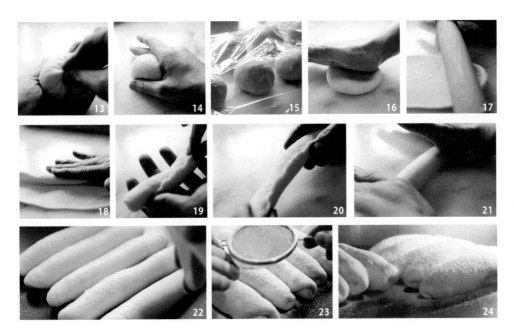

10. 收口後滾圓，蓋上保鮮膜鬆弛 15 分鐘（圖 13～圖 15）。

11. 將麵糰壓扁，擀成長條狀，從一旁捲起（圖 16～圖 18）。

12. 收口後再稍微滾一下，讓麵糰均勻（圖 19～圖 21）。

13. 平均排放入烤盤中，側邊留點空間，噴些水霧（圖 22）。

14. 等待發酵約 60 分鐘。

15. 均勻撒上高筋麵粉（分量外）（圖 23）。

16. 放進烤箱中下層，烘烤約 15-20 分鐘，就可以出爐囉（圖 24）！

掃描右方 QR Code，即可觀看示範影片喔！

 tips 貼 心 小 提 醒

∽ 若是不想加入煉乳，可替換成等量的鮮奶油或
牛奶。

6 BREAD 香甜蔓越莓乳酪軟歐包

隔夜中種做的麵糰，光是整形的時候就可以很明顯地感到非常軟嫩嫩啊！！！
根本就是小嬰兒的皮膚那樣幼咪咪的，好好摸！
自製的蔓越莓乳酪內餡，
減糖反而可以吃到更多乳酪口感，非常好吃啊～～

材料

PART 5
想一做再做的暖心麵包

/ 中種麵糰 /	/ 主種麵糰 / (可做 6 份)	/ 內餡 /
水　115ml	高筋麵粉　160g	奶油起司　150g（軟化）
高筋麵粉　160g	鹽　3g	糖粉　15g
速發酵母　2g	砂糖　40g	奶粉　15g
	牛奶　80ml	蔓越莓乾　60g
	鮮奶油　25ml	
	速發酵母　2g	
	無鹽奶油　30g（軟化）	

作法

1. 烘烤前 10 分鐘，將烤箱預熱 180 度 C（上下火）。

2. 將中種麵糰材料的高筋麵粉和酵母混合，加入水，攪拌均勻至無粉狀（圖1）。

3. 蓋上保鮮膜，冷藏隔夜發酵（圖2、圖3）。（也可放置室溫發酵 2～3 小時後使用）

4. 將中種撕成小塊，加入主麵糰材料的麵粉、砂糖、鹽、牛奶與鮮奶油，低速打成糰狀（圖4、圖5）。

5. 再加入酵母及軟化奶油，繼續攪拌成到可以延展成薄膜狀態（圖6、圖7）。

6. 揉圓後蓋上保鮮膜，發酵約 60 分鐘，直到麵糰變成二倍大，以手指戳入麵糰，沒有回彈即發酵完成（圖8、圖9）。

7. 等待發酵時，將內餡材料的軟化奶油起司、糖粉、奶粉及蔓越莓打勻或攪拌均勻（圖10、圖11）。

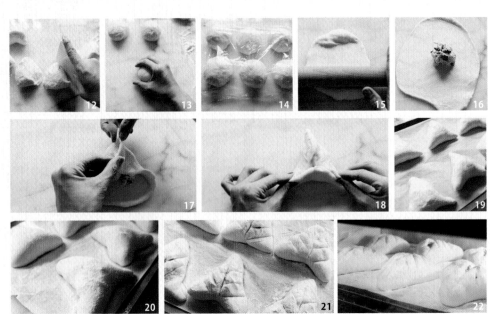

8. 將麵糰切割成 6 份，排氣滾圓（可秤重後平均分配）（圖 12、圖 13）。

9. 蓋上保鮮膜，鬆弛 15 分鐘（圖 14）。

10. 麵糰擀平後，平均放入蔓越莓奶油乳酪內餡（可秤重後平均分配）（圖 15、圖 16）。

11. 整形成三角形後收口捏緊（圖 17、圖 18）。

12. 在麵糰表面噴些水，繼續發酵 1 小時，直到麵糰變成二倍大（圖 19）。

13. 在麵糰撒上一層高筋麵粉（分量外），用刀片畫出線條（圖 20、圖 21）。

14. 放進烤箱烘烤 15-20 分鐘，直至喜愛的金黃色即可（圖 22）。

掃描右方 QR Code，即可觀看示範影片喔！

暖心的義式番茄佛卡夏

一起揉麵吧！佛卡夏的揉麵過程簡單又療癒，
可以當成點心、早午餐、下午茶，隨時隨地都可以享用，一點都不違和！
而且放些黑橄欖、蒜頭、起司粉、九層塔、
櫛瓜、各樣香草等，口味就能有更多變化喔！

模具

直徑 20 公分的梅花形烤模

材料	/ 香草調味 /	
高筋麵粉　250g	新鮮小番茄　數顆	橄欖油或作法中的蒜香香
鹽　5g	黑橄欖　數顆	草油　適量
砂糖　15g	（去籽切片）（可省略）	
橄欖油　20ml	海鹽　少許	
速發酵母　4g	迷迭香　適量	
溫水　160ml	（新鮮／乾燥皆可）	

作法

1. 烘烤前 10 分鐘，將烤箱預熱 180 度 C（上下火）。
2. 可將新鮮香草與蒜頭浸泡在橄欖油中，烤出的香草與麵包味道更融和更香喔（若無新鮮香草，可省略此步驟，最後塗麵糰的橄欖油也可以用此油）（圖1）。
3. 將酵母放入溫水中攪拌溶解（圖2）。
4. 取一個大盆，放入高筋麵粉、砂糖、鹽、橄欖油和酵母水（圖3）。
5. 用湯匙攪拌成一個有黏性的麵糰（圖4）。
6. 在工作檯上灑上一些麵粉（分量外）（圖5）。
7. 將麵糰取出放在工作檯上，以折棉被的方式往內折往前推，轉個 90 度再往內折（圖6）。
8. 大概折 10 分鐘，外層應該變成是膨皮的樣子（圖7）。

9. 放回盆內，蓋上保鮮膜，放置室溫發酵 60 分鐘，
   至麵糰變成二倍大（圖 8、圖 9 ）。

10. 拿出後再稍微排氣（圖 10 ）。

11. 將麵糰稍微擀平。在烤模內塗上橄欖油，再將
    麵糰放入烤盤中。

12. 麵糰表面塗上橄欖油，戳洞，再插入迷迭香香
    草和番茄（圖 11、圖 12 ）。

13. 蓋上保鮮膜，再發酵 60 分鐘（圖 13 ）。

14. 最後發酵完畢，灑上海鹽（圖 14 ）。

15. 放進烤箱 200 度 C 中下層，烘烤 20-25 分鐘（圖
    15 ）。

16. 稍微放涼後，以刮刀從邊緣刮一圈輕輕取出喔～

掃描右方 QR Code，即可觀看示範影片喔！

tips　貼 心 小 提 醒

在麵糰戳洞時要戳到底，餡料也用力塞進去麵
糰內，以免烘烤膨脹時材料彈出來。

酒釀桂圓核桃麵包

（鑄鐵鍋版本）

站上國際舞台，帶有濃郁台灣特色的酒釀桂圓麵包，
和鑄鐵鍋擦出了驚人的火花，鑄鐵鍋氣密式、
穩定烤溫特性和鍋內蒸氣，讓麵包的外殼酥脆，
且保有組織濕潤的好口感，你一定要試試看！

模具

20 ～ 22cm 鑄鐵鍋

材料

高筋麵粉　250g	水＋過濾後的紅酒　180ml	無鹽奶油　25g（軟化）
速發酵母　3g	鹽　3g	桂圓　50g
紅酒　200ml	砂糖　30g	核桃　60g（市售熟核桃）

作法

1. 烘烤前 10 分鐘，將烤箱預熱 190 度 C（上下火）。
2. 桂圓泡入紅酒中，以小火煮開後續煮 3 分鐘，放涼浸泡一晚（圖1、圖2）。
3. 桂圓瀝乾備用（圖3）。
4. 桂圓瀝出的紅酒加水至 180ml 備用（圖4）。
5. 攪拌盆中放入高筋麵粉、酵母、鹽和砂糖，再倒入水與紅酒混合的液體（圖5）。
6. 先以低速攪拌，再以中速繼續攪拌（圖6、圖7）。
7. 繼續攪打麵糰，直至拉起後有彈性且爬缸的狀態（圖8）。
8. 加入軟化的奶油，繼續以低速攪打（圖9）。
9. 慢慢攪打後，麵糰開始吸收奶油且恢復筋度（圖10）。
10. 再用中速攪拌成糰，呈光滑有些許薄膜的狀態（圖11）。
11. 加入核桃、桂圓繼續拌勻（圖12）。
12. 翻折麵糰滾圓後放入盆中，蓋上濕布，於室溫中進行基本發酵（圖13、圖14）。
13. 約發酵 60 分鐘，直至麵糰變成二倍大（圖15）。

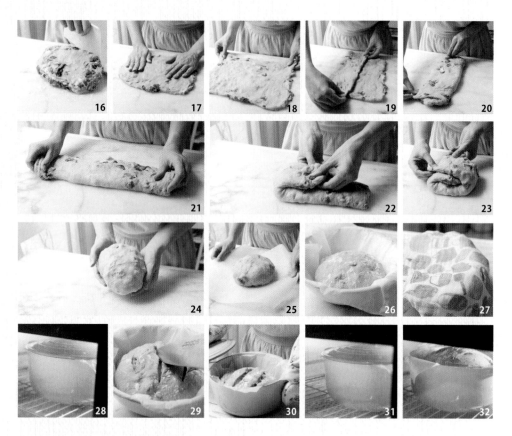

14. 桌面與麵糰都撒上高筋麵粉（分量外）。然後取出麵糰，排氣（圖16、圖17）。

15. 拉整成長方形，左右折起，轉向90度，再左右交錯折起（圖18～圖23）。

16. 收口朝下，放置於烘焙紙上，再放入盆裡，並撒上高筋麵粉（分量外）（圖24 ～圖26）。

17. 蓋上濕布，繼續第二次發酵約50分鐘（圖27）。

18. 發酵完成前20分鐘，將鑄鐵鍋加蓋，放進烤箱一起預熱至190度C（圖28）。

19. 將發酵好的麵糰表面以刀片割線，再放入預熱好的鑄鐵鍋內（圖29、圖30）。

20. 先蓋上鍋蓋，放進烤箱以上下火190度C烘烤20分鐘（圖31）。

21. 再打開鍋蓋，以上火190度C，下火轉成230度C烘烤30分鐘（圖32）。

22. 實際烘烤時間依照自家烤箱烤溫及需求的焦度調整。

23. 將麵包取出放在隔熱墊上散熱。

24. 切片食用，或者放保鮮盒冷藏，冷凍保存，要食用時烘烤一下即可。

掃描右方 QR Code，即可觀看示範影片喔！

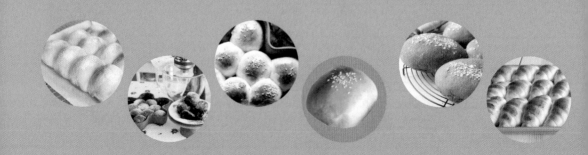

Part

6

經典小餐包系列

軟綿拉絲、新手必學
牛奶小餐包

推薦做麵包的新手朋友，可以試試這道只要最基本的材料，

以及最基礎的麵糰製作直接法，就能完成的牛奶小餐包！

拉絲、軟綿的麵包質地，讓人想一做再做！

最基本的食材，最根本的作法，就像初次遇見了做麵包的簡單與美好～

模具

23×23×5cm 烤盤

材料（可做 12 份）

高筋麵粉　250g	砂糖　30g	無鹽奶油　20g（軟化）
冰牛奶　180ml	速發酵母　3g	
	鹽　3g	

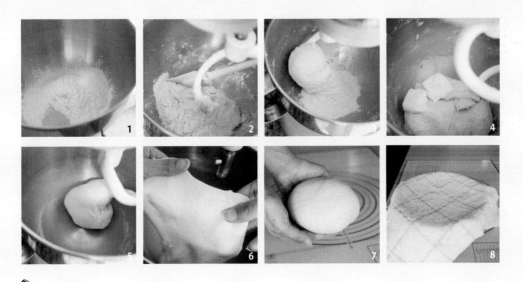

作法

1. 烘烤前 10 分鐘，烤箱預熱 180 度 C（上下火）。

2. 將奶油以外的所有材料放入攪拌盆中，先倒入高筋麵粉，再加鹽、砂糖和酵母，最後加入牛奶（圖 1）。

3. 開始低速配合中速，攪打成無粉狀。

4. 水量較多，因此攪拌時間較長。可適當用刮刀將黏在攪拌盆上的麵糰刮下（圖 2）。

5. 麵糰爬鉤後（圖 3），表示出筋，拉出一小塊麵糰，有彈性不容易斷即可。

6. 加入軟化奶油（圖 4），繼續以低速接著中速攪打成有薄膜狀態（圖 5、圖 6）。

7. 整成圓形後放入碗中，蓋上濕布開始第一次發酵（圖 7、圖 8）。

8. 約發酵 1 小時，觀察麵糰至二倍大，以手指戳入後不會回彈即可（圖 9）

9. 倒出麵糰排氣，切割後秤重分成 12 等份，每份約 40g（圖 10 ～圖 12）。
   分割後的麵糰收口捏緊朝下，以手掌虎口整形揉圓（圖 13、圖 14）。

10. 模具內鋪上烘焙紙，將小麵糰放至模具中（圖 15）。

11. 繼續蓋上濕布，最後發酵約 50 分鐘，觀察麵糰至二倍大（圖 16、圖 17）。

12. 灑上高筋麵粉（分量外）（圖 18）。

13. 放進烤箱中下層，以 180 度 C 烘烤 15-18 分鐘即可（圖 19）。

  掃描右方 QR Code，即可觀看示範影片喔！

tips **貼心小提醒**

○ 高水量的麵糰，一開始麵糰會非常黏，切記不要慌張就加麵粉，先停止機器，然後刮缸再度揉麵，以這樣的方式繼續就可以了。

²_{BUN} 黑眼豆豆爆漿餐包

軟綿的可可味餐包、爆漿的巧克力內餡，
喜歡巧克力口味的朋友一定要試試看，真的非常好吃啊！

材料（約可做 15 顆）

高筋麵粉　300g

深黑可可粉　25g

鹽　4.5g

砂糖　45g

速發酵母　4.5g

全蛋　1 顆

動物性鮮奶油　80ml

鮮奶　80ml

無鹽奶油　30g（軟化）

水滴巧克力　適量

全蛋液　適量（塗抹表面用）

糖粉　適量（塗抹表面用）

作法

1. 烘烤前 10 分鐘，將烤箱預熱 180 度 C（上下火）。

2. 將奶油和巧克力以外的所有材料放入攪拌盆。

3. 低速打至捲起的狀態，麵糰拉開裂痕呈鋸齒狀（圖 1、圖 2）。

4. 加入軟化的奶油，繼續打成光滑麵糰狀（圖 3、圖 4）。

5. 麵糰拉開呈現透光薄膜（圖 5）。

6. 將麵糰稍微整形，滾圓，收口朝下，蓋上保鮮膜或濕布，進行基礎發酵 60 分鐘，直到麵糰膨脹至二倍大（圖 6）。

7. 以手指戳進麵糰中，不回彈即發酵完成（圖 7）。

8. 將麵糰分割成 15 等份，每份約 40g。

9. 將麵糰滾圓，蓋上濕布鬆弛 15 分鐘（圖 8）。

10. 用擀麵棍將麵糰擀平，包入適量的水滴巧克力（圖9～圖12）

11. 烤盤塗上些許軟化奶油（分量外），放入麵糰，在表面噴水（圖13、圖14）。

12. 繼續發酵約 40-60 分鐘，至麵糰膨脹至二倍大（圖15）。

13. 塗上全蛋液（圖16）。

14. 放進烤箱中下層，以上下火 180 度 C 烘烤 15 分鐘（圖17）。

15. 可撒上些許糖粉，增加視覺享受（圖18）。

掃描右方 QR Code，即可觀看示範影片喔！

3 BUN 經典爆漿**奶油餐包**

爆漿的香甜奶油餐包滋味，
像美好的畫作一般，心情也跟著舒服地融化，
清香淡雅的乳香奶油霜，一點也不油膩、化口性佳的口感，
征服了大人與小孩的味蕾～～

模具

花型烤模

材料（約可做 15 顆）

高筋麵粉　300g	全蛋　1 顆	無鹽奶油　50g（軟化）
鹽　4.5g	動物性鮮奶油　80ml	全蛋液　適量（表面用）
砂糖　50g	鮮奶　80ml	
速發酵母　4.5g		

作法

1. 烘烤前 10 分鐘，將烤箱預熱 180 度 C（上下火）。
2. 將奶油以外的所有材料放入攪拌盆（圖1）。
3. 低速打至麵糰捲起的狀態，拉開裂痕會呈鋸齒狀（圖2、圖3）。
4. 繼續加入軟化奶油，打成光滑麵糰狀（圖4、圖5）。
5. 麵糰拉開會呈現透光薄膜（圖6）。
6. 將麵糰稍微整形、滾圓，收口朝下放入大碗（圖7）
7. 蓋上濕布或保鮮膜，發酵約 60 分鐘到麵糰變成二倍大（圖8）。

8. 將麵糰分割成 15 等份，每份約 40g（圖9）。

9. 麵糰滾圓，噴上一點水，再發酵約 40-60 分鐘，至麵糰膨脹至二倍大（圖 10）。

10. 烤模塗上些許軟化奶油（分量外），放入麵糰（圖11）。

11. 表面塗上蛋液，也可撒上些許白芝麻粒（圖12、圖13）。

12. 放進烤箱中下層，以上下火 180 度 C 烘烤 12 分鐘即可（圖14）。

13. 放涼後，擠入奶油蛋白霜內餡（圖15）。

14. 冷藏或冷凍保存，食用前用烤箱烘烤一下，或是稍微微波即可享用。

[填餡方式]

1. 將義大利奶油蛋白霜內餡裝入長形花嘴的擠花袋中。

2. 由麵包邊緣以尖嘴插入麵包中央部位進行擠壓。

3. 在擠壓時，擠花嘴在麵包體要在中心點上下轉圈稍微移動，擠出來的奶油餡會比較平均飽滿。

4. 完成填餡動作後，最好立即封裝入密封袋，放入冷藏或冷凍定型。

義大利奶油蛋白霜

材料

砂糖　50g

水　20ml

蛋白　1顆

無鹽奶油　150g

作法

1. 將蛋白稍微打到約 4-5 分發。
2. 砂糖加水以中小火煮開至透明糖漿，約 105-110 度 C（請勿攪拌以免反砂）。
3. 慢慢地將糖漿倒入蛋白中繼續打發。
4. 待蛋白霜稍微降溫後，放入軟化的無鹽奶油打勻至蓬鬆狀即可。
5. 準備花嘴與擠花袋，將奶油蛋白霜放入備用。
6. 完成的義式奶油蛋白霜，約可冷藏保存約 15 天。
7. 冷藏後會變硬，取出後回溫，並再攪拌一下即可使用喔。

掃描右方 QR Code，即可觀看示範影片喔！

4 香甜濃郁**奶酥餐包**
BUN

這道基礎牛奶小餐包要示範必學的基礎甜麵包奶酥內餡，
奶酥的口感與香氣太美好，一口咬下，
濃郁的奶酥充滿扎實感、滿足感！
甜甜的奶香和麵包香真的好搭，在口中化開，真的好好吃！

/ 奶酥內餡 / （約 300g）

無鹽奶油　100g	全蛋液　30g	玉米粉　30g
糖粉　50g	鹽　1g	奶粉　100g

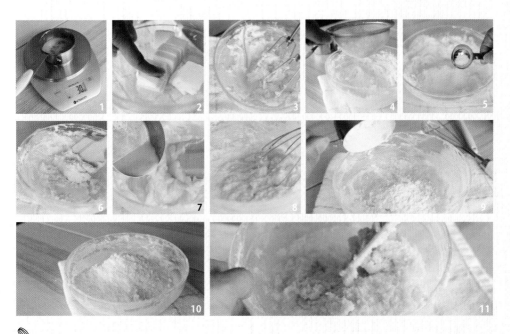

作法

1. 蛋液秤重（圖1）。
2. 奶油放置室溫軟化至手指可以按壓的狀態（圖2）。
3. 用打蛋器將奶油打勻至泛白（圖3）。
4. 加入過篩的糖粉與鹽，以刮刀拌勻（圖4～圖6）。
5. 分次加入蛋液，用打蛋器快速攪拌（圖7、圖8）。
6. 倒入玉米粉和奶粉，繼續用刮刀仔細攪拌（圖9～圖11）後，
    冷藏備用。

基本小餐包

模具 23×23×5cm 烤盤

材料（可做 9 份）　　　　　　　　　　　　　　　/ 裝飾 /

高筋麵粉　250g	速發酵母　3g
冰牛奶　175ml	鹽　3g
砂糖　30g	無鹽奶油　30g（軟化）

全蛋液、白芝麻粒　適量

作法

1. 烘烤前 10 分鐘，將烤箱預熱 180 度 C（上下火）。
2. 高粉、砂糖、鹽與酵母放入盆內拌勻（圖 1）。
3. 加入牛奶（圖 2）。
4. 用叉子攪拌成無粉粒狀態，然後用手搓成糰（圖 3、圖 4）。
5. 取出麵糰在平整工作檯上，開始以洗衣服的動作搓揉麵糰（圖 5、圖 6）。
6. 一開始很黏，不用急著加麵粉，以手肘處出力。
7. 搓到麵糰有彈性且不黏了，而且可以稍微拉開（圖 7）。
8. 再加入軟化奶油，繼續搓揉，一開始又會變成黏稠鬆散狀態，可用刮刀刮一下工作檯。
9. 搓揉至奶油都吃進麵糰中，麵糰最終又形成一個糰狀（圖 9～圖 10）。
10. 接著開始摔打麵糰。抓住麵糰一角甩出摔打、拉回折起。轉向 90 度，再持續摔打。持續以上摔打動作。大概摔打 50 下（圖 11）。

11. 接著再以雙手左右推揉麵糰方式,直至麵糰呈現光滑、可以拉出薄膜即可(圖 12~圖 14)。

12. 如果想要更透光漂亮的薄膜,就持續搓揉並檢查即可。薄膜的最高程度是透明手套膜,初次手揉可以做出基本薄膜就好。

13. 將揉好的麵糰整形成圓形,蓋上濕布發酵 50-60 分鐘(圖 15、圖 16)。

14. 麵糰膨脹至二倍大,以手指戳洞不回彈即可(圖 17、圖 18)。

15. 將麵糰秤重後分割成 9 等份,每份約 52-53g(圖 19)。

16. 排氣捏緊後,排氣滾圓,鬆弛 10 分鐘(圖 20~圖 23)。

17. 將冷藏的奶酥取出,分成 9 等份,用手搓圓,每份約 30g(圖 24~圖 26)。

18. 擀平麵糰大約成 10 公分的圓形，放入奶酥餡包起，收口捏緊朝下（圖 27～圖 30）（記得收口要捏緊，避免烘烤膨脹爆漿喔！）。

19. 在烤模內鋪上烘焙紙，將麵糰擺入，蓋上濕布，發酵 50~60 分鐘（圖 31、圖 32）。

20. 在發酵好的麵糰表面塗上蛋液，撒上些許白芝麻粒（圖 33、圖 34）。

21. 放進烤箱中下層，以上下火 180 度 C 烤約 15-18 分鐘即可。

掃描右方 QR Code，即可觀看示範影片喔！

---

tips 貼心小提醒

∾ 製作奶酥時若沒有打蛋器，也可以全程用刮刀慢慢攪拌拌勻。

∾ 奶酥內餡加入少許鹽，可減少甜膩感。

∾ 此食譜餐包製作為手揉麵糰，也可使用機器攪打麵糰。

∾ 每個人的力氣以及速度不同，手揉時間也會有些差別，可慢慢練習加快速度，做出更理想的手套膜。

5
BUN 餐前暖胃**黑糖蜜裸麥餐包**

清香迷人的黑糖蜜麵包，像極了在 outback 或是
cheesecake factory 吃到的口感，溫熱的時候抹上一點好吃的奶油，
與奶油軟化一起融在嘴中的多層次口感，真的無敵美味，
要說是餐前麵包真的太客氣，一不小心吃太多，主菜都會吃不下啊～

材料（可做 4 份）

全麥麵粉　130g　　　速發酵母　5g　　　無鹽奶油　25g（軟化）
高筋麵粉　160g　　　可可粉　8g　　　燕麥片　適量
鹽　4g　　　黑糖蜜　40g
黑糖粉　40g　　　水　160ml

作法

1. 烘烤前 10 分鐘，將烤箱預熱 180 度 C（上下火）。
2. 先將乾性材料（全麥麵粉、高筋麵粉、鹽、黑糖粉、可可粉、酵母）放入攪拌盆中，稍微攪拌均勻（圖 1）。
3. 加入黑糖蜜和水（圖 2）。
4. 以低速攪拌均勻麵糰呈現彈性（圖 3、圖 4）。
5. 加入軟化的無鹽奶油（圖 5）。
6. 將麵糰打至光滑有薄膜狀態（圖 6）。
7. 取出麵糰整成圓形放入盆中，蓋上濕布室溫發酵 50-60 分鐘（圖 7、圖 8）。
8. 至麵糰變成二倍大，手指沾上一點麵粉戳洞，不反彈即可（圖 9、圖 10）。
9. 稍微揉一下麵糰並排氣（圖 11）。
10. 秤重後將麵團分成 4 等份（圖 12）。

11. 每份麵糰收口揉成圓形，蓋上濕布鬆弛 10 分鐘（圖 13～圖 15）。

12. 收口朝上，擀長，往中前折起 3 次，收口成為橢圓球狀（圖 16～圖 19）。

13. 蓋上濕布，繼續發酵 50 分鐘（圖 20、圖 21）。

14. 表面塗上清水，撒上燕麥片（圖 22、圖 23）。

15. 烘烤 17 分鐘即可。

16. 取出後放涼或趁熱塗上奶油享用。

掃描右方 QR Code，即可觀看示範影片喔！

貼心小提醒

　　如果喜歡全麥粉口感多一點，可調整全麥粉分量搭配高筋麵粉，
　　粉量總重不變即可。

6 奶香誘人**奶油餐包捲**
BUN

奶油餐包捲的作法比較繁雜一點，看著步驟圖可以更仔細一步步學起來喔！
做完一大盤超有成就感！餐包捲不只有著油亮亮的膚質，
還有著漂亮的中凸多層好身材，
內涵就是軟綿綿、奶香重又有拉絲感，
加上底部帶著微微焦脆的奶油味，難怪大家愛不釋手！

模具

40×30 公分烤盤

材料（可做 24 份）

高筋麵粉　750g

奶粉　25g（可省略）

砂糖　90g

鹽　10g

速發酵母　10g

牛奶　320ml

鮮奶油　100ml

全蛋　2 顆

無鹽奶油　120g

（切塊，室溫軟化）

[另外準備]

蛋　1 顆（拌勻）

無鹽奶油　55g

（軟化備用，放入擠花袋中）

無鹽奶油　40g（融化）

作法

1.　烘烤前 10 分鐘，烤箱預熱 200 度 C（上下火）。

2.　鮮奶油與二顆全蛋先拌勻（圖 1）。

3.　將乾性材料（鮮奶油、奶油、牛奶除外）放入攪拌盆，先用麵糰鉤稍微拌
勻粉類（圖 2）。

3.　加入鮮奶油、蛋液和牛奶（圖 3）。

4.　低速開始攪拌成糰，可適時停下機器刮缸（圖 4、圖 5）。

5.　攪拌至爬鉤後，麵糰有彈性可以延展拉起狀態（圖 6）。

6.　放入軟化奶油（圖 7）。

7.　先以低速攪拌確認奶油吃進麵糰中（圖 8）。

8.　接著以中速攪拌成光滑狀態（圖 9）。

9.　切下一塊麵糰，確認薄膜產生（圖 10）。

10. 揉圓後蓋上濕布，基礎發酵 20 分鐘（圖 11～圖 13）。

11. 秤重切割成 2 等份，排氣滾圓（圖 14～圖 16）。

12. 蓋上濕布，中間發酵鬆弛 10-15 分鐘（圖 17）。

13. 將麵糰擀壓成長 36 公分的圓形（圖 18）。

14. 可適當拍掉側邊氣體（圖 19）。

15. 用刮刀切割成 12 等份（另一麵糰以同樣方式操作。）（圖 20）。

16. 將每一等份取出，平整面朝下，準備整形成捲狀。

17. 擀平麵糰，並輕拉長尾端，細端處靠近自己（圖 21～圖 23）。

18. 慢慢捲起，頭部第一捲用指頭壓一下固定（圖 24）。

19. 然後邊捲邊拉，捲到下方的時候，一隻手稍微拉長一下尾部捲起（圖25～圖29）。

20. 收口朝下，放入烤盤排列整齊（圖30）。

21. 蓋上濕布，進行第二次發酵 40-50 分鐘（圖31）。

22. 在表面塗上薄薄的蛋液（圖32）。

23. 在麵糰間隙與周圍都擠上軟化奶油 55g（圖33）。

24. 放進烤箱中下層，以 200 度 C 烘烤 15 分鐘左右上色（圖34）。

25 出爐後刷上一層融化奶油 40g，會更加光亮有奶香喔（圖35）！

掃描右方 QR Code，即可觀看示範影片喔！

tips **貼 心 小 提 醒**

╰── 若只想製作一半份量，則材料減半即可。

7 QQ 彈牙韓國麻糬麵包
BUN

聽說前陣子網路超夯的韓國麻糬麵包，江湖又稱恐龍蛋！
或是可愛的 QQ 麻糬糰！不用預拌粉，外脆內 Q 軟，
小孩真的真的好愛！超簡單就完成啦！

材料（可做 14 ～ 15 顆，直徑長度約 5 公分）

全蛋液　1 顆　　　　　　牛奶　150ml　　　　　黑芝麻粒　2 大匙

（約 44 ～ 46g）　　　　　無鹽奶油　30g

高筋麵粉　30g　　　　　砂糖　30g

木薯粉／樹薯粉／太白粉　鹽　2g

130g（成分為樹薯澱粉）

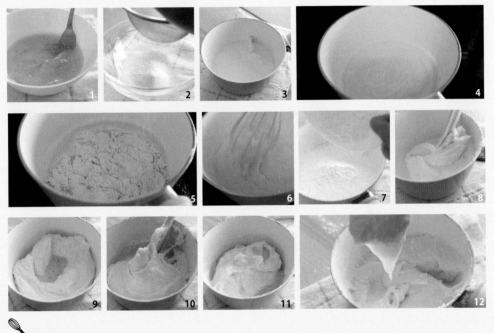

🥄 **作法**

1. 烘烤前 10 分鐘，將烤箱預熱 180 度 C（上下火）。

2. 將雞蛋拌勻（圖 1）。

3. 高筋麵粉過篩備用（圖 2）。

4. 準備一個小鍋，放入牛奶、無鹽奶油、砂糖和鹽（圖 3）。

5. 小火加熱到奶油融化，牛奶微微的起泡（圖 4）。

6. 加入過篩的高筋麵粉，快速攪拌均勻（圖 5、圖 6）。

7. 離火，加入樹薯粉，以刮刀翻拌均勻至無乾粉的麵糊狀態（圖 7、圖 8）。

8. 蛋液分 2 到 3 次加入，切拌均勻（圖 9、圖 10）。

9. 每次加入拌勻後檢查狀態，根據麵粉可以吸收的水量調整蛋液的分量（圖 11）。

10. 最後的麵糊用刮刀稍微拉起來，會是倒三角的樣子就可以了喔（圖 12）！

13
14
15
16
17
18
19

11. 加入黑芝麻粒拌勻，此時麵糊還是呈現緩緩的流動狀態（圖 13、圖 14）。

12. 準備 1 公分花嘴，將麵糊倒入擠花袋中（或用一般塑膠袋就好），剪個小開口（圖 15、圖 16）。

13. 整齊擠圓到烘焙紙上。每個圓型長度約 5 公分，可作 14-15 顆（圖 17、圖 18）。

14. 放進烤箱，以 180 度 C 烘烤 20-25 分鐘（圖 19）。

掃描右方 QR Code，即可觀看示範影片喔！

 貼心小提醒

- 如不確定蛋液分量，建議可先準備 2 顆，但必須慢慢分次加入。
- 這裡用的粉是細粉狀的樹薯粉／太白粉／木薯粉，依照購買包裝上標示擇一使用即可。
- 或者查看，查看包裝上的英文字 Tapioca Starch，Tapioca Flour，以及成分標示是否為樹薯澱粉。
- 麵粉與牛奶加熱的糊化狀態必須有稠度出現，否則影響後續烘烤成品。
- 無法膨脹的成品，有可能是因為麵粉糊化未完全，或者蛋液量加入太多，導致質地不夠濃稠，因此無法烘烤成型。

www.booklife.com.tw reader@mail.eurasian.com.tw

Happy Family 084

少女心噴發！俏媽咪潔思米的玩美烘焙

作　　者／潔思米
發 行 人／簡志忠
出 版 者／如何出版社有限公司
地　　址／臺北市南京東路四段50號6樓之1
電　　話／（02）2579-6600・2579-8800・2570-3939
傳　　真／（02）2579-0338・2577-3220・2570-3636
總 編 輯／陳秋月
主　　編／柳怡如
專案企畫／尉遲佩文
責任編輯／柳怡如
校　　對／柳怡如・丁予涵
美術編輯／李家宜
行銷企畫／陳禹伶・曾宜婷
印務統籌／劉鳳剛・高榮祥
監　　印／高榮祥
排　　版／莊寶鈴
經 銷 商／叩應股份有限公司
郵撥帳號／ 18707239
法律顧問／圓神出版事業機構法律顧問　蕭雄淋律師
印　　刷／龍岡數位文化股份有限公司
2021年3月　初版

定價380元　　　　ISBN 978-986-136-570-1

這本收藏了這幾年來在網路分享過最多人點閱的超人氣烘焙食譜，加入了新的烘焙、麵包等食譜元素，不藏私分享，還有基礎圖文步驟清楚解說。期待可以讓許多剛入門烘焙、做麵包甜點的朋友更好入手，也讓想要一次收藏超夯食譜的朋友可以更快速的搜尋到想要的食譜。

—— 《少女心噴發！俏媽咪潔思米的玩美烘焙》

◆ **很喜歡這本書，很想要分享**

圓神書活網線上提供團購優惠，
或洽讀者服務部 02-2579-6600。

◆ **美好生活的提案家，期待為您服務**

圓神書活網 www.Booklife.com.tw
非會員歡迎體驗優惠，會員獨享累計福利！

國家圖書館出版品預行編目資料

少女心噴發！俏媽咪潔思米的玩美烘焙/潔思米著. -- 初版. -- 臺北市：如何
出版社有限公司, 2021.03
　　192 面；17×23公分 --（Happy Family；84）

　　ISBN 978-986-136-570-1（平裝）
　　1.點心食譜
427.16　　　　　　　　　　　　　　　　　　　　109022354